# 住宅整理解剖圖鑑

THE ANATOMICAL CHART OF CLUTTER

創造舒適居家環境的妙招

SUZUKI NOBUHIRO
鈴木 信弘

楓 書 坊

# 前言

假使你家無論怎麼整理，還是沒多久就變得凌亂不堪……其實錯不在你。應該負責的人，恐怕是你家的設計師。因為，設計師在製作你家的設計圖時，不小心把應該事前列入考慮的「容易整理」的這一點給忘了。

話雖如此，我們也不能責怪負責規劃的設計師，畢竟他們都盡己所能，努力地想要打造「完美的家」。只不過，他們將設計時應該著眼的重點，稍微偏離了收納、整理這些與日常生活有關的部分，轉移到外表的美觀及成本等其他方面。而且不諱言的，這種情形在住宅的設計上屢見不鮮。

## 對於急著想立刻將房間整理乾淨的人

首先我必須向各位聲明一件事。倘若你心中抱著一絲期待，以為讀完本書之後，原本凌亂的房間就會像施了魔法般突然變整潔，或是忽然能夠下定決心把好幾年都捨不得丟的東西全部丟掉，那麼很抱歉，這本書恐怕要辜負你的期待了。市面上已經有許多廣受好評的書，談論過如何以具體的技術或堅定的意志力，將紊亂的房間整理乾淨，建議各位不妨去看看那些書。

這本書所要探討的是更早以前的問題，也就是「房子該如何設計才不容易凌亂」這種與住宅設計的根本息息相關的學問、竅門及其背後所隱藏的深刻理由。以建築物來比喻的話，就等於是基座或地基，內容實在乏味。然而儘管乏味，只要繼續住在不重視基礎的房子裡，你為整理所付出的努力就不會得到任何回報，就好比往底部破洞的桶子裡倒水一般徒勞無功。你一定不希望如此吧？因此，為了讓辛苦有所回報，必須從頭開始認識住宅的構造。

所謂「重新認識住宅」，就是「重新認識人的習性」。如果單指整理這方面，便是要掌握「人會將何種物體帶入家中，又打算如何利用、收拾該物」這一連串的過程，而這段過程是會隨著一天內不同的時間、不同的季節、不同的使用者等情境而改變的。唯有綜合性地判斷這些因素，配合各家庭的情況反覆調整，不易凌亂的居家輪廓才會逐漸成形。

本書希望透過26個不同觀點的主題，幫助讀者們重新認識住宅＝人。雖然書中沒有多驚人的創意巧思，但是對於之後打算蓋新房子的家庭、預計進行較大規模翻修的家庭而言，本書「容易整理」的觀點，應該能夠成為各位重新認識住家的一個指標。客廳的格局是否容易顯得凌亂？廚房的設計是否事先解決了未來可能遇到的不便？請各位一一回想不久將共同展開全新生活的每一位家人，仔細地檢視這些問題。

假使你沒有蓋新家或裝修的打算也沒關係，即便沒有機會改變建築物本身，嘗試從建築的角度分析「為什麼我家會亂七八糟？」這個長年疑問的態度，今後也會在你改造房間、配置家具時帶來極大的助益。因為釐清建築之所以造成「就算整理也很快就亂了」這個問題的原因，將有助於我們重新了解人們的自然行為、習性及住宅的機能和角色。

空間會反映自身的「態度」，而整理住家不僅是了解自己的第一步，也是試圖改善與空間之間關係的行為。希望各位能夠抱持這樣的想法閱讀本書。

## COLUMN

〔裝幀〕
寄藤文平、杉山健太郎

〔插圖〕
鴨井猛、鈴木洋子

CHAP.

# 1

# 深入了解<br>人們的行為

# 何謂好整理的房子？

## 停車場多的城市住起來才方便。

**究**竟什麼才是整理起來輕鬆方便，隨時都能保持舒適居家環境的房子呢？「有很多收納空間的房子」——大部分的人都會這麼回答。沒錯，確實如此。可是，也有很多人家裡明明有大量的收納空間，卻依舊凌亂不堪。原本還沾沾自喜地把東西全部塞進儲藏室，心想「這樣客廳和臥房就會變乾淨了」，但是過沒多久，卻赫然發現一切又打回原形。讓我來告訴各位為什麼會這樣吧，那是因為你們「忘了要在必要之處，製造必要的收納空間」了。

開車抵達目的地之後，一定都會找停車場停車。停車場寬敞固然很好，但如果離目的地太遠，方便性就會大打折扣。「要是可以就近停車就好了……」。將需要的物品放在必要之處，才能增加日常生活的舒適性。

## 「停車場」不足的後果

### 想停卻停不了

許多車子在該地區唯一的停車場前大排長龍。心想「只有我一輛應該沒關係」就停上人行道的車子，則會對行人造成妨礙。無論人還是城市，全都籠罩在煩躁的氣氛中。

### 想擺卻無處可擺

有好多東西想擺在廚房裡，但一旦沒有足夠的空間，東西就會無處可放。該怎麼辦才好呢……

### 節欲的生活好辛苦

減少造成「凌亂」的物品數量，亂七八糟的房子應該多少會整潔一些。但是，如果沒有堅強的意志力去「克制」自己的物慾，不讓東西增加，就無法繼續過著節欲的生活。

## 停車場與收納空間

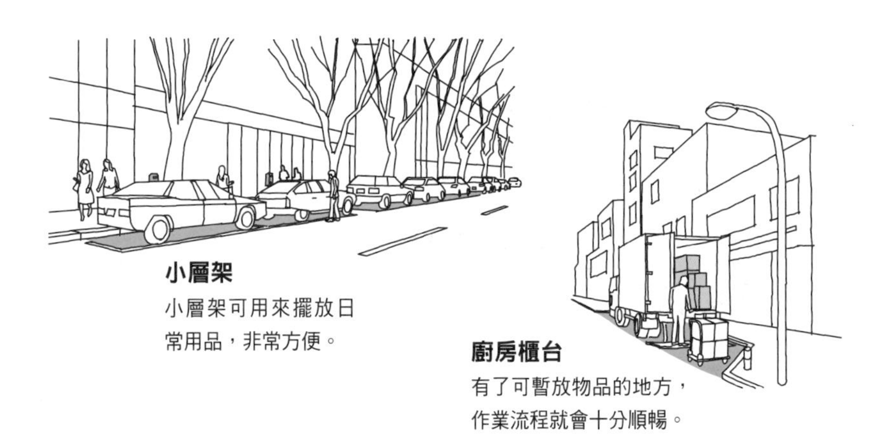

**小層架**

小層架可用來擺放日常用品，非常方便。

**廚房櫃台**

有了可暫放物品的地方，作業流程就會十分順暢。

**儲藏室**

東西一旦收進去，就暫時不會移動。

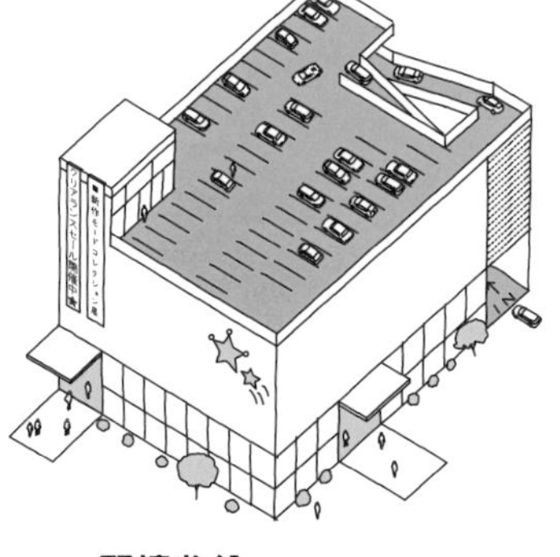

**閣樓收納**

能夠有效率地利用整體空間。

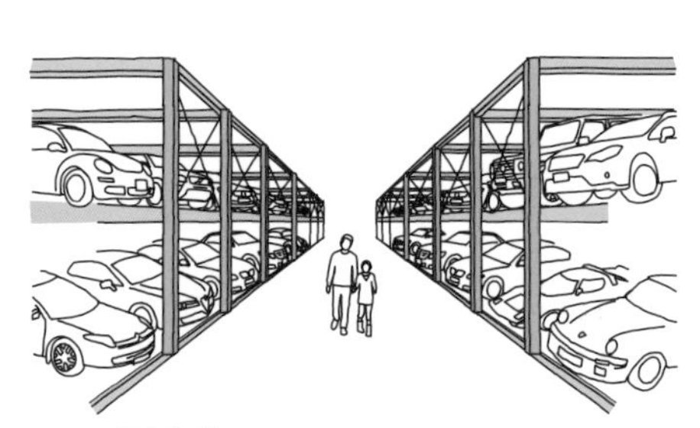

**更衣室**

只要集中收納於一處，即可有效地運用空間。

## 舒適的城市與方便居住的家

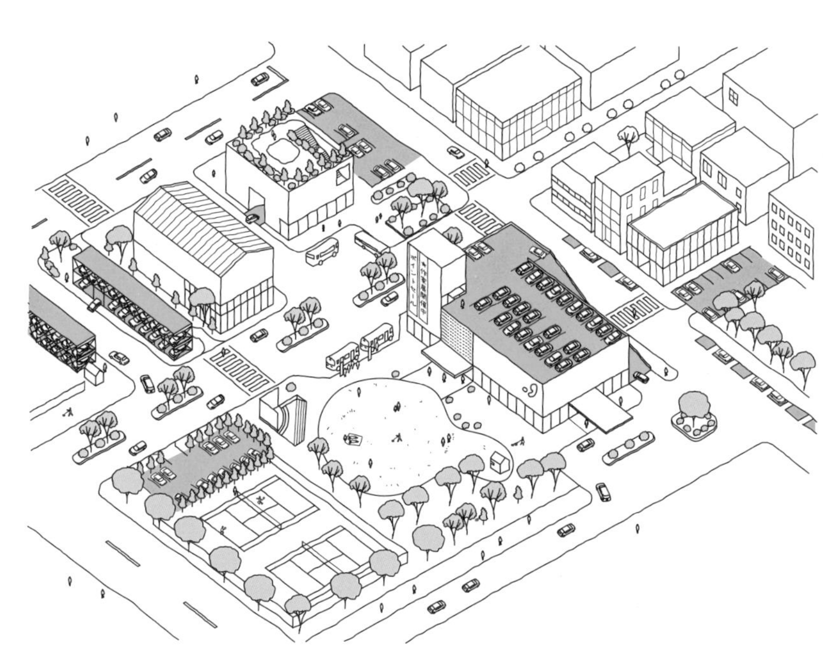

### 無論城市或住家都一樣

只要在需要整理的地方，事先安排充足的收納空間，物品就不會發生「塞車」的情形，家裡也能隨時保持整齊清潔的狀態。

**所以結論就是…**

房子要好整理，必須將整理這項行為視為生活的一部分，讓每樣物品都適得其所。收納方式設計得好，整理起來不但輕鬆，生活也會更加愉快。

# 港口旁應當有巨大的倉庫。

只要來到港口，一定會在港口旁看見巨大的倉庫群。為了暫時保管從船隻卸下，或是之後要運上船的貨物，港口旁非得有大倉庫不可。但假使倉庫離港口很遠，又會怎麼樣呢？「這還用問嗎？當然是會很不方便啊」。我可以想見物流業者們肯定會傻眼地這麼回答。

港口又被稱為「大海的玄關口」，意思和住宅的玄關是一樣的。港口附近如果沒有大倉庫（寬敞的收納空間）自然會很不方便，然而，許多家庭至今卻依然只在玄關擺放鞋櫃。回頭看看堆滿你家的物品吧。要是放在玄關旁就好了…你家是不是也有這種東西呢？不只是鞋子，平時你從外面帶回來的東西，也能暫時存放在「倉庫」裡。

## 玄關有何用途？

如果你以為玄關只是穿脫鞋子的地方，
那就大錯特錯了。

好久不見了

**接待客人**
有客人來訪時，一開始會先在這裡招呼客人。

奶奶寄來的
蘋果送到了

**收包裹**
包裹寄達之後，可以暫時擱置在這裡。

明天要穿哪一件好呢

**掛外套**
要是有地方可以掛外套和帽子就方便多了。

有花粉症的人會不希望把沾有花粉的外套帶入家中。

好久沒打出低於一百桿的成績了

**高爾夫球袋**
除此之外，像是嬰兒車、釣魚用具等不想帶入室內的物品，也可以直接放在玄關。

除了收納鞋子之外，玄關也可以用來擺放其他東西。

## 如果必需品持續增加……

### ①玄關的最小尺寸

基本上，要有兩位客人可並肩站立的寬度。

1,515

### ②設置鞋櫃

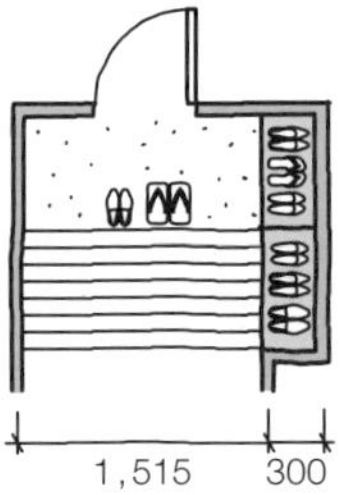

沒有地方放鞋子會很麻煩。鞋櫃也可以順便用來放傘。

1,515 300

### ③追加衣櫥

這裡也需要能夠收納外套的地方。

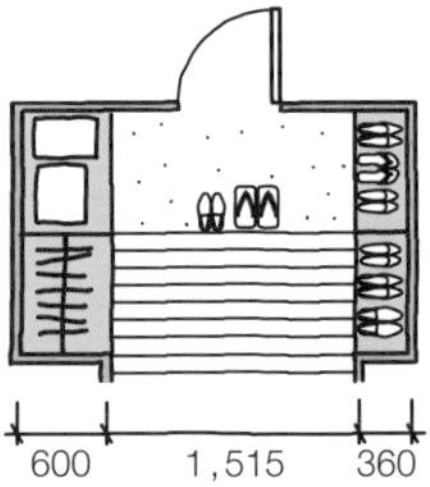

順帶一提，玄關如果有扶手，使用上會更方便（鞋櫃也可以代替扶手）

600 1,515 360

### ④結合兩者

1,212 1,515

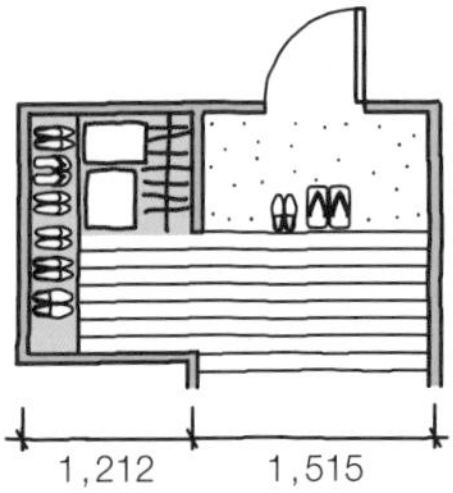

若將鞋櫃和衣櫥合而為一，結果會如何呢？

### ⑤能夠從中穿越的配置好方便

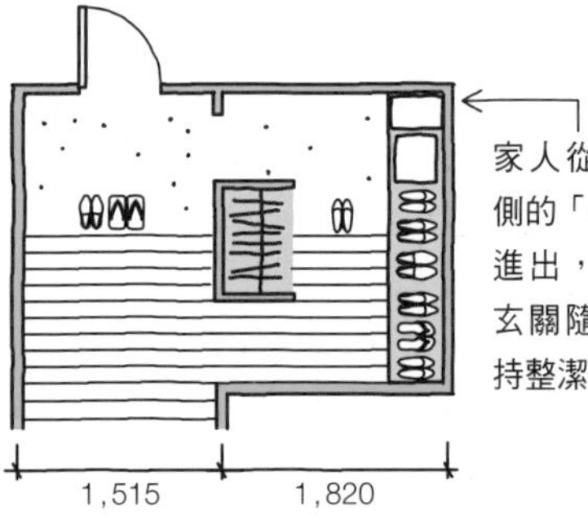

家人從這一側的「小路」進出，可讓玄關隨時保持整潔。

1,515 1,820

**沒有地方比玄關更需要收納空間了**

與其將玄關當成待客之處，不如將它視為小小的「倉庫」，更能貼合現代生活的需求。

## 但是，如果也想佈置一番呢？

「只要確保收納量就萬事OK」這句話在這裡是行不通的。因為這裡是玄關，還是必須保有作為待客之處的基本禮儀。

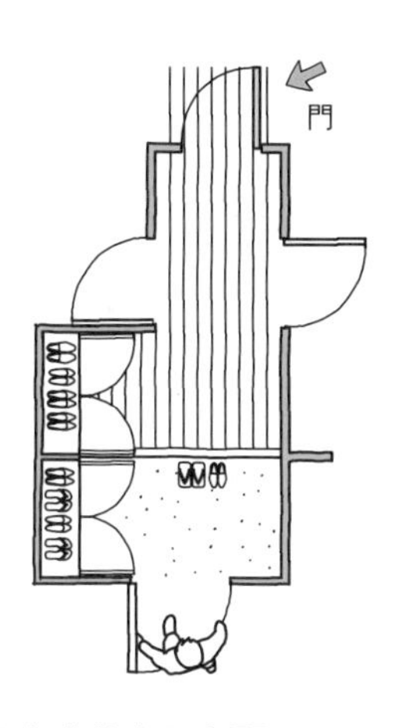


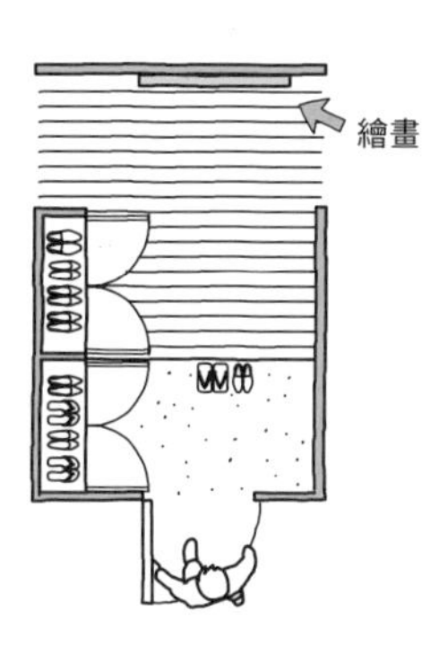


**✕走廊前方又有門？**

這種格局在公寓裡很常見。打開玄關門之後，視線前方又出現一道出入客廳的門…這種配置會給人冰冷的印象。

**○設置一道可懸掛畫作的牆面**

若玄關門正面有牆，就可以在牆上懸掛繪畫或照片，為玄關營造熱鬧的氣氛。

**收納同時裝飾**

讓鞋櫃上方成為展示架，並在架子上方設置窗戶，讓戶外光線照入。外套架要設在從玄關看不見的位置。如此收納和裝飾便可同時兼得。

**所以結論就是…**

**玄關除了要有充足的收納空間，也需要稍加裝飾佈置。**

# 大窗戶不可靠。

興建房子需要土地，但是如果說收納物品一定要有地板，那可就未必了。因為，收納東西所需要的除了地板，還有牆壁。假使沒有牆壁，就無法擺放電視、櫃子和書架了。

室內有好幾扇大窗戶或是南面有整片落地窗，這種所謂的「開放式住宅」總是給人非常時尚的印象，但實際居住起來卻是充滿一連串的小苦難。因為窗子很大，使得牆壁面積縮小，所以東西能夠倚靠的地方減少，讓人就算只是想擺個小櫃子，也苦苦找不到適當的位置。雖然也是可以擺在窗戶前方，但這麼一來，還不如一開始就把窗戶改成牆壁。就收納這項機能而言，窗戶越大就越不可靠。

# 請仔細思考客廳的配置

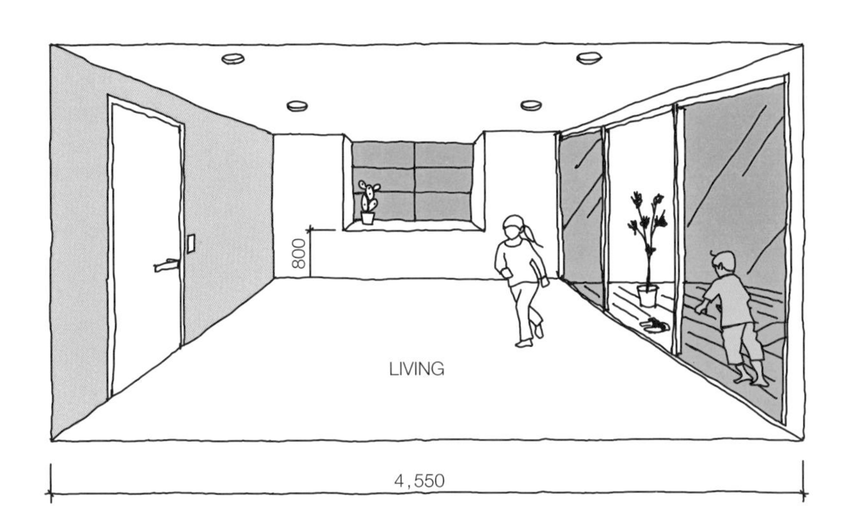


## 有大窗戶和外推窗的房間

這是一間有大窗戶的開放式客廳。現在請試著將「電視、沙發、櫃子」這三樣東西擺入其中。如果是你，你會怎麼做呢？

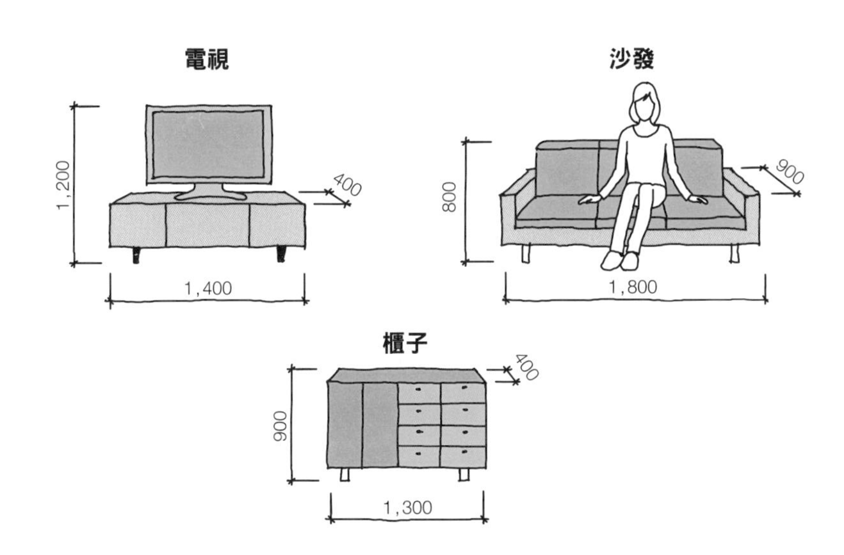

## 結果，窗戶被擋住了

**比方像這樣？**

各位覺得如何？雖然也有其他配置方式，但無論怎麼擺，最後還是會擋住某一邊的窗戶，浪費了開放式客廳的設計…真是可惜。

**窗戶雖然減少了…**

試著減少窗戶的面積之後，所需物品全都有地方可放了。雖然開闊感不如之前，但使用起來似乎比較方便。

**可擺放家具的牆壁長度**

要將家具靠牆擺放，牆壁的寬度最好在1,350mm以上，可以的話，超過1,800mm更為理想。如果房子很大就不必擔心寬度的問題，但如果房子不夠寬敞或形狀細長，就必須事先考量到這一點，以免寬度不足。

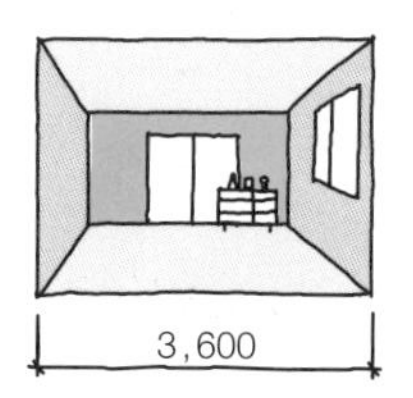


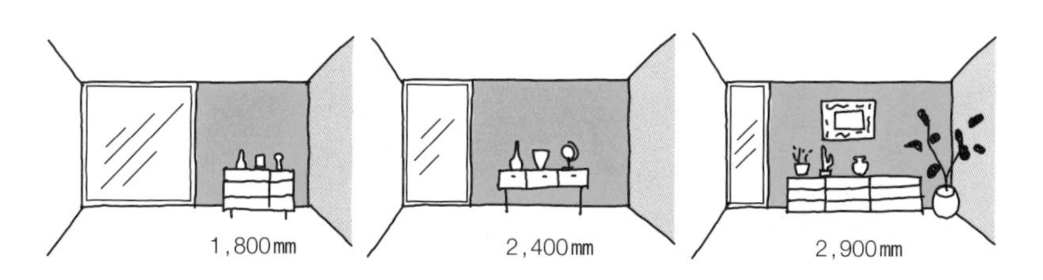


古今中外，被稱為名作的住宅大多都保留了足夠的牆壁面積。牆壁與窗戶之間的比例平衡，便能為空間營造沉穩感。

## 窗戶的尺寸、窗戶的位置

### 有必要裝大落地窗嗎？

高度直達地面的「落地窗」的數量少，能夠擺放的物品數量自然就多。

**整片落地窗**

牆壁的比例
17％

**當 $\frac{3}{4}$ 是落地窗時…**

牆壁的比例
38％

**如果落地窗佔了 $\frac{1}{2}$**

牆壁的比例
50％

### 當窗戶的面積相同時

即使窗戶的面積相同，裝設位置與形狀不同，能夠擺放的物品也會隨之改變。

**在牆壁中央設置半腰窗**

**將半腰窗設在牆壁一隅**

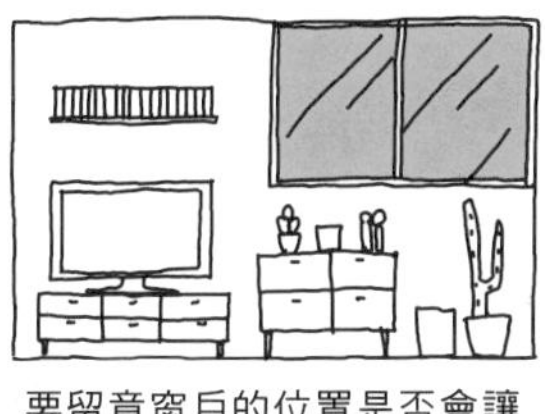

要留意窗戶的位置是否會讓人無法觸及窗戶鎖。

**改成高側窗**

將窗戶配置於上方時，必須考量結構設計方面的問題。

**所以結論就是…**

假使不知該選窗戶還是牆壁，那麼選牆壁準沒錯。

# 桌子是萬能的，但也別讓它太操勞。

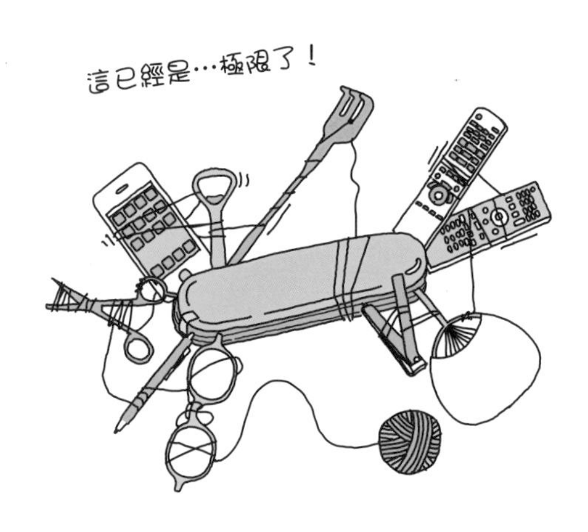


客廳的桌子是為什麼而存在？這個問題的答案竟意外地模糊。就一般人的印象，桌子似乎是負責「坐在沙發上一邊看電視，一邊喝個茶什麼的」的「喝個茶什麼的」這個部分。這麼說來是放杯子的地方囉？不不不，實際上除了杯子之外，桌子上還放了各式各樣的東西。像是電視遙控器、看到一半的報紙、今晨收到的夾頁廣告、老花眼鏡、面紙盒⋯⋯。堆滿這些東西的桌子，說是凌亂客廳的象徵也不為過。

桌上會堆滿物品是因為東西只能放在那裡。事先周詳地規劃物品的收納位置——這才是收納設計的精髓。桌面的混亂程度，可說是反應收納設計是否成功的指標。

## 條條道路通桌子？

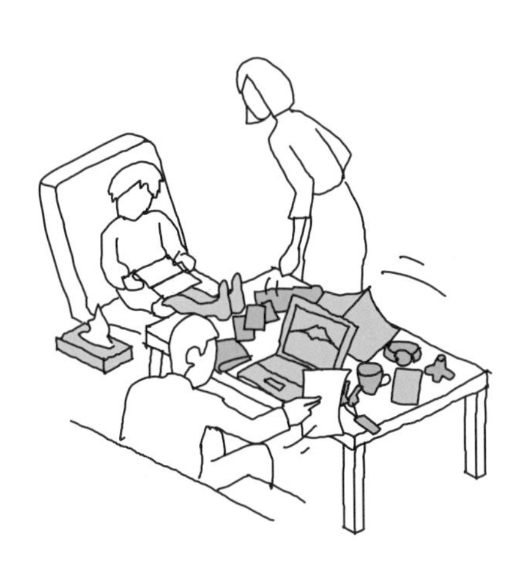

**桌子好用的原因**

客廳的桌子其實並不具備收納功能，那為什麼東西會全都聚集在桌上呢？那是因為，桌子剛好就在懶惰的你身旁。

想把客廳整理乾淨，必須從盡快讓桌子脫離「小東西堆置處」這個角色開始。

# 從前方到旁邊

桌子四周會不小心就堆滿物品，是因為沒有事先決定物品收納位置的關係。

## 必需品要放在沙發旁

要在客廳擺放桌子是無所謂，但如果要放，建議在沙發旁擺一張小桌子會比放在前方來得方便。

## 在附近設置矮櫃

在沙發附近設置矮櫃也是不錯的方法，但切記距離絕對不可太遠。假使矮櫃離沙發太遠，東西又會立刻在桌子四周堆積。

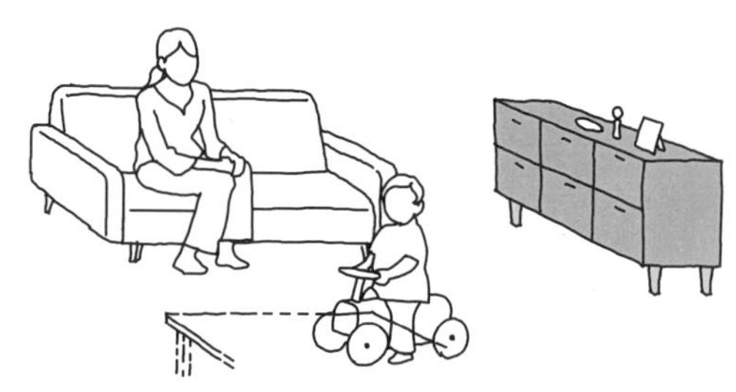

## 不易凌亂的客廳大小

由於要在沙發旁擺放桌子或櫃子，客廳本身需要一定的寬敞度，規劃時請格外留意。

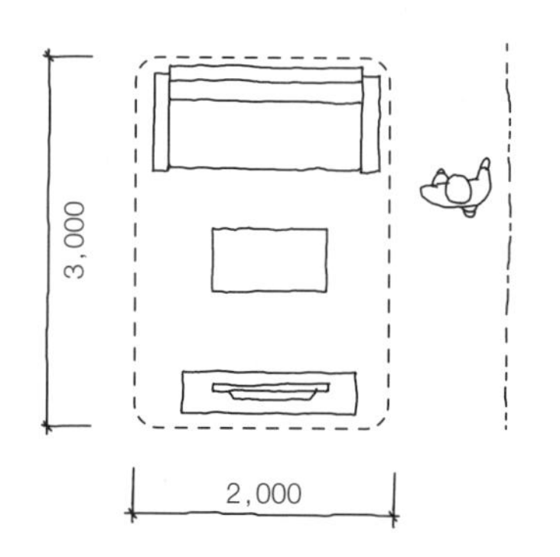


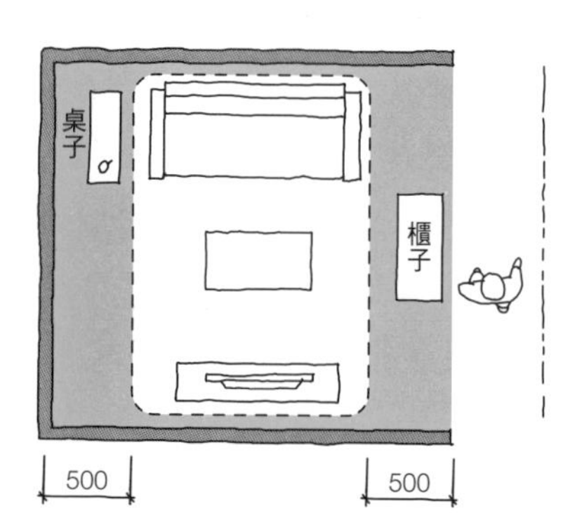

## 讓電視前方成為方便活動的廣場

要讓客廳乾淨清爽，「不擺放桌子」也是一個辦法。如果不在電視前方放桌子的話…

**遊戲大會**

可以毫無顧忌地玩活動身體的電視遊戲。

**練習場地**

可以一邊看 DVD 教材，一邊練習瑜珈或揮汗瘦身。

×平行

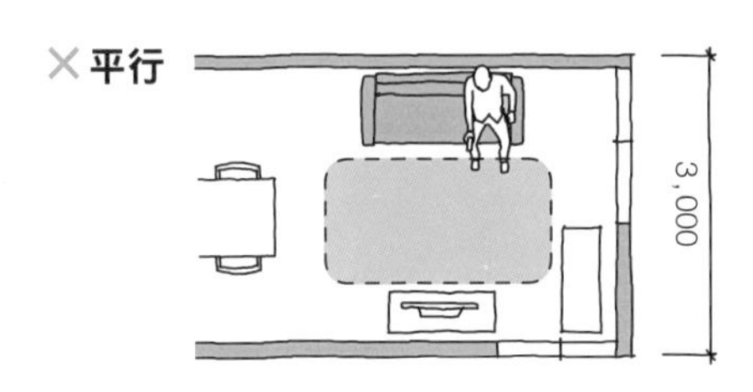

直角

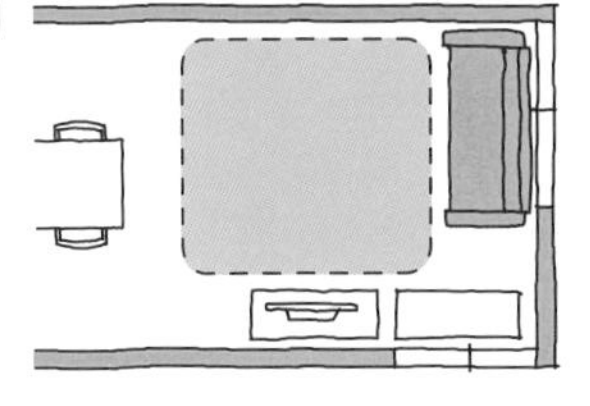

這種方式對於狹小的客廳特別有幫助

**直角比平行好**

最近，有越來越多家庭會將電視和沙發直角擺放，而不選擇平行。這可能也是因為「想讓電視前方的空間寬敞一些」的關係。

**所以結論就是…**

**不妨試著不在電視與沙發之間擺放桌子吧。**

廚房

# 到了展示室可別忘記看那裡。

在興建住宅的過程中，通常會舉行幾個重要的活動，也就是向地基主祈求施工順利的動土典禮、組裝建築物的大樑之前舉行的上樑儀式；至於近來比較少見、與上樑儀式同時舉行的「撒年糕」，則是邀請鄰居一同慶祝的儀式。

另外還有一項絕對不能忘記的活動，就是主婦們滿心期待的「廚房展示室巡禮」。基本上每一位主婦都會對廚房的現狀感到不滿，所以她們都是抱著「這次我一定要挑選好用的最新型系統廚具」這種視死如歸的心態進入展示室的。然而……然而還是有人會不小心選到那種容易凌亂又不好整理的廚房！

請各位到了展示室之後，務必要仔細地注意看廚房的「那裡」。

## 廚房的成員們

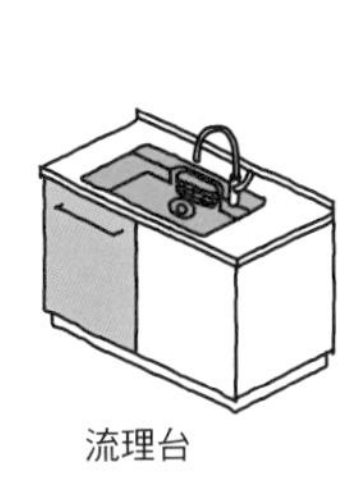

流理台

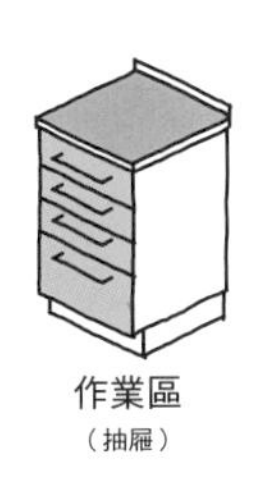

作業區
（抽屜）

爐子

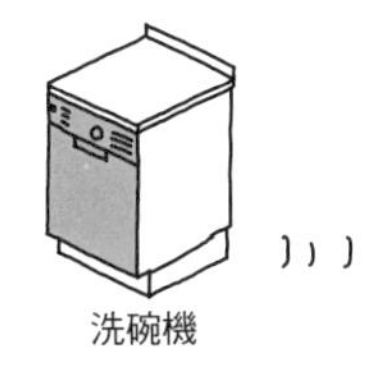

洗碗機

只要將廚房分解成各部分，就能清楚看出廚房是由流理台、作業區（抽屜）和爐子這三者組成。

啊，差點忘了，最近也有不少人會裝洗碗機來代替抽屜。

**如果是你，你會買哪一款？**

假設你今天來到了展示室，打算挑選一組方便使用又好整理的全新廚具。聰明的你會選擇下列何者呢？

**A　大流理台＋抽屜**

**B　大流理台＋洗碗機**

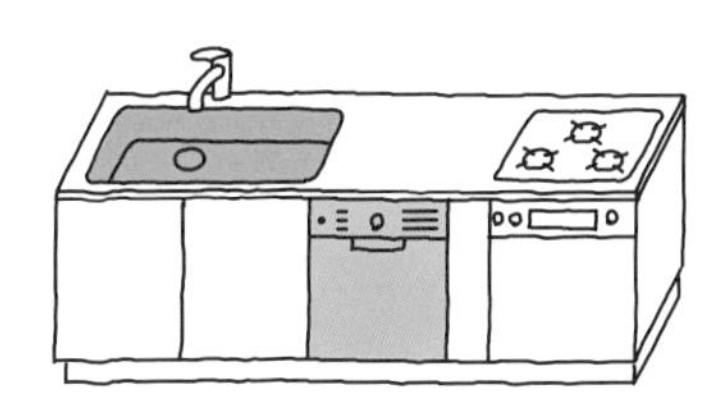

**C　一般流理台＋抽屜**

**D　一般流理台＋洗碗機**

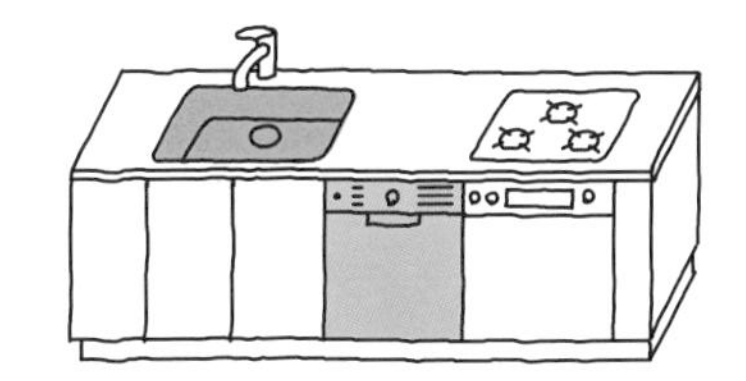

## 觀察檯面的「空地」

### 我建議選擇C或D

一般人一見到實物，目光很容易就被方便的洗碗機吸引過去，不過在挑選廚具時，首先請務必確認檯面的配置方式。這是因為…各位只要回想一下烹調流程就會明白了。

①清洗食材

②事前處理（烹調）

③盛盤

④清洗及瀝乾餐具

### 專用空地是必要的

要流暢地進行以上4項作業，廚房的作業檯亦即檯面上必須要有足夠的「空地」。

最理想的情況是每項作業都有專用的空地。一旦空地少（小），做事效率就會極度低落。

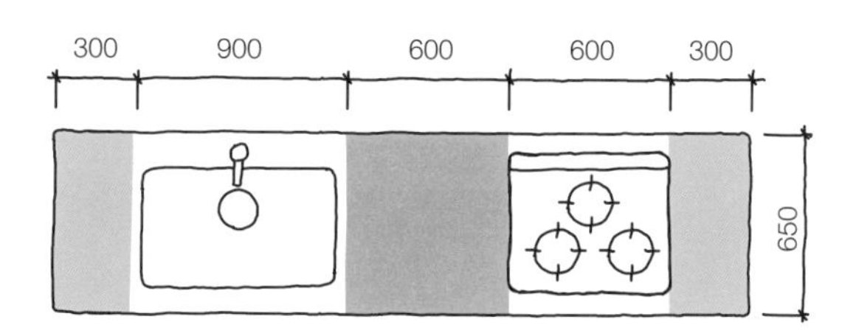


### 最好不要集中在一起

各位可能會以為只要將空地集中於中央就好，但其實作業空間如果只有一個，反而會不方便使用，整理起來也比較困難。

## 瀝水架的棲身之處

檯面的空地非常重要，其中特別容易被忽略的是東西洗好後，用來暫置的「瀝水架」的擺放位置。其擺放方式有以下幾種類型。

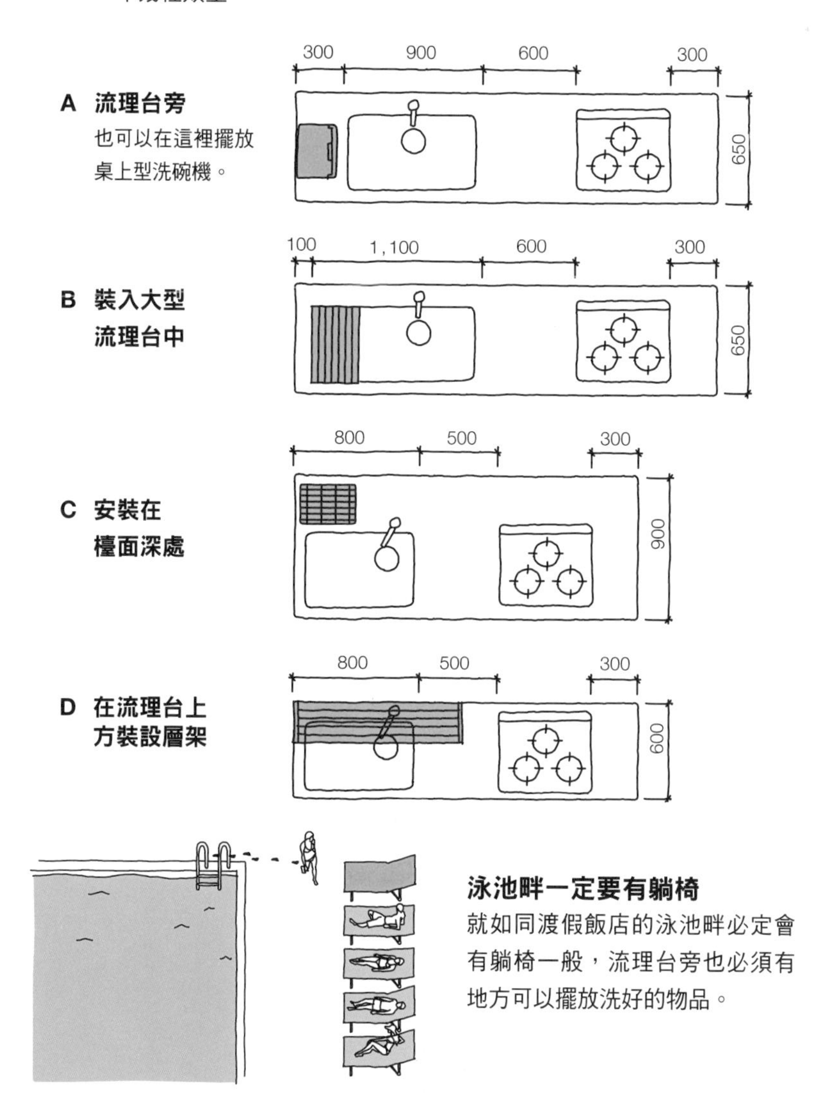


擺放洗好物品的所需空間約300×450mm左右

## 洗碗機？還是瀝水架？

**有了洗碗機**
**就萬事OK？**

最近，有越來越多人喜歡在廚房下方安裝內嵌型的洗碗機。

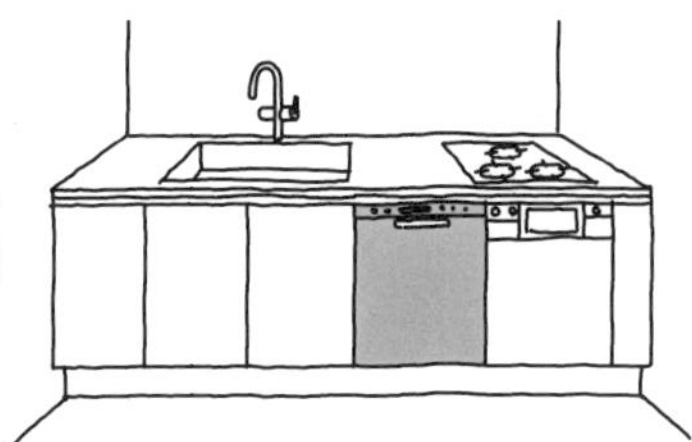

多數人都認為只要將洗碗機安裝在腳邊，就不必在檯面裝設瀝水架了。

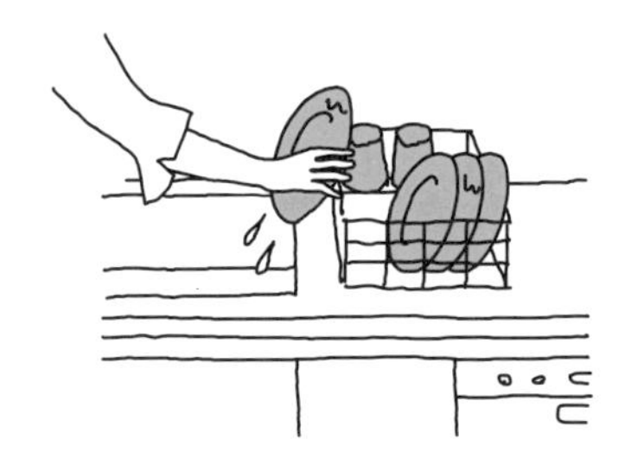

**但實際上……**

一般人並不會用洗碗機洗很少量的餐具，因此瀝水架還是有其必要性。

**而且！**

因為裝了洗碗機的關係，原本可以收納在該處的烹調器具，變得必須另覓他處才行。

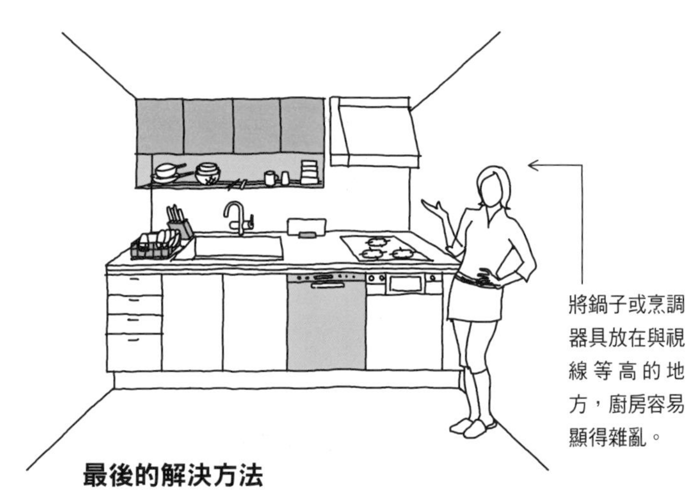

將鍋子或烹調器具放在與視線等高的地方，廚房容易顯得雜亂。

**最後的解決方法**

裝了洗碗機的廚房必須在上方的牆壁安裝吊櫃，以解決收納及使用方便性的問題。

## 打造一座島

想要廚房方便使用，檯面的空地是絕對不可或缺的，但是空地只需保有足夠的面積即可，不需要規劃成橫列式。

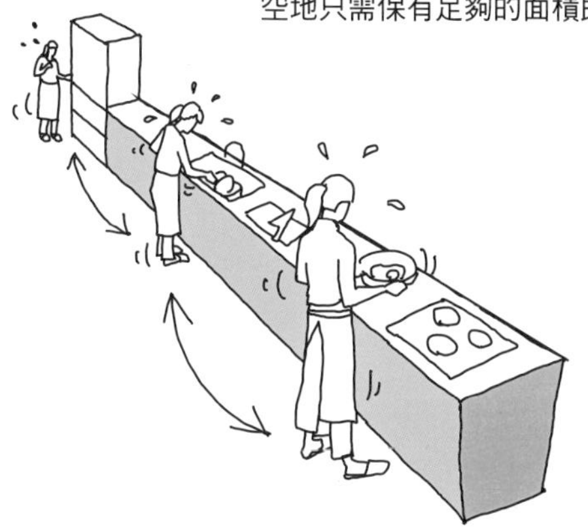

**橫長狀十分累人**

橫列式的廚房必須不時地左右來回移動，使用起來並不方便。

**打造一座島**

在此我要向各位介紹，在廚房後方打造一座「島」的配置方式。有了這座島，作業動線會更加流暢，也可以在上面擺放食材或盛盤，用途十分多樣。

**與冰箱相鄰型**

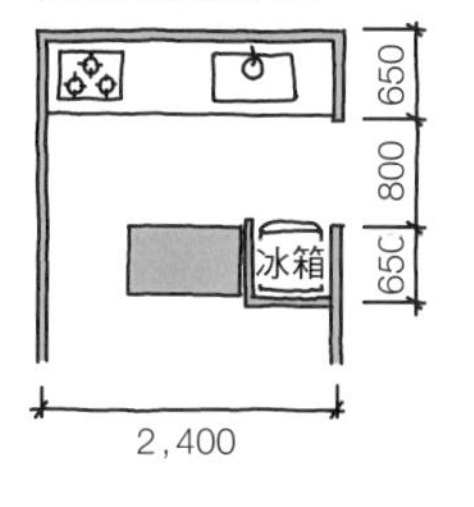


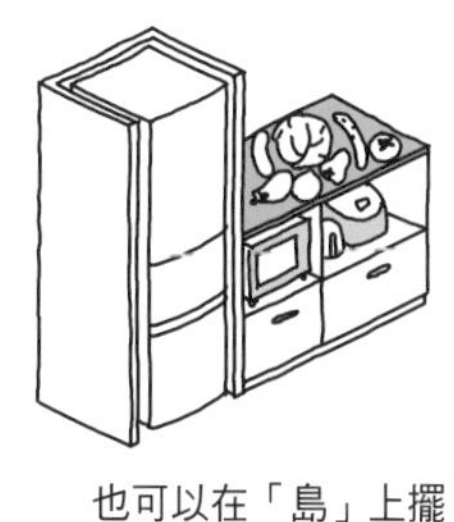

也可以在「島」上擺放微波爐和電鍋等

**獨立橫長型**

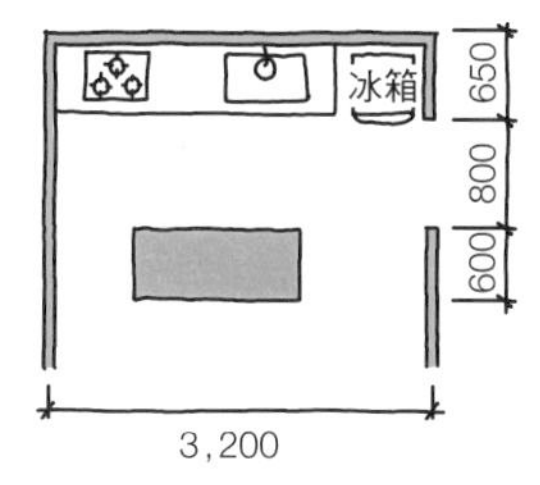

**所以結論就是…**

**檯面上要有足夠的空地，廚房使用起來才會方便順手。**

# 島型廚房

## 既然前、後都不滿意，那就只好……

廚房島的攻防戰

**從**前只要提到廚房，一定都是那種貼牆的款式。然而十幾年之後，廚房卻忽然間大變身，以「島型廚房」的姿態出現在住宅裡。對於讓廚房相關的家事從配角晉升為主角，島型廚房實在功不可沒，但是在整理的世界裡，島型廚房的評價卻普遍不佳。這是因為其形式很難製造出收納空間。

我先來整理一下島型廚房廣受歡迎的理由好了。「可以一邊下廚，一邊看顧小孩」「可以順便看電視」「不喜歡一個人在廚房裡」——看樣子，大家不喜歡舊式廚房的原因，似乎都是討厭背對著他人做事。

既然如此，那就只好摸索出可以與家人互動並保有收納空間的第三條路了。

## 無人可依靠

島型廚房最大的弱點就是四周沒有牆壁，很難保有足量的收納空間。

慘狀全被看光光！

### 東西開始堆積

一旦四周的收納空間不足，用餐後沒有立刻清洗的鍋碗瓢盆，以及另外添購的各種調味料、清潔劑和烹調器具等，便會在檯面上失控地亂成一團。

### 就連封閉式廚房也稱不上整齊

請回想一下當廚房還是靠牆的那個時代。當時的你是否也為了整理廚房內所有物品而感到苦惱呢？

## 收納空間絕不可少

要將島型廚房改造成「好整理的廚房」，唯一的方法就是在周圍設置足夠的收納空間。

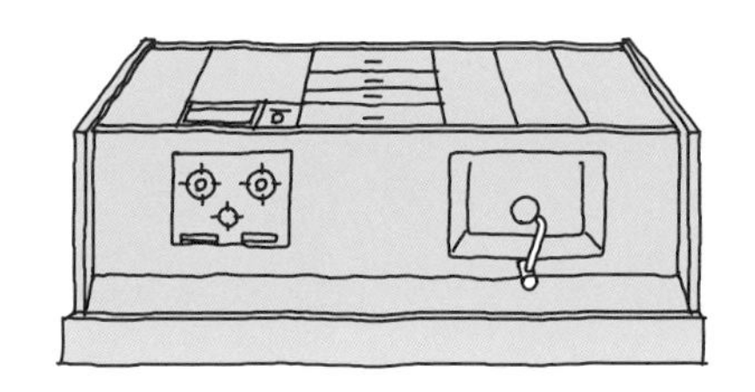

但是你可別以為這樣就大功告成了。
島型廚房還有以下這些問題。

**油到處噴濺**
只要島的部分有爐子，四處噴濺的油就會讓屋內變得很淒慘。

**滴落的水讓地板濕答答**
但是如果把爐子移回牆壁旁，只留下流理台在島的部分，下廚時，水還是會滴在地板上弄得濕答答的。

## 如果採半相對式就沒問題

雖然不是完全的島型，不過這種配置仍保有島型的特色，而且能夠大幅改善整理等各方面的問題。

**L型、單面掛牆式**

這種形式也能滿足與家人互動的需求。

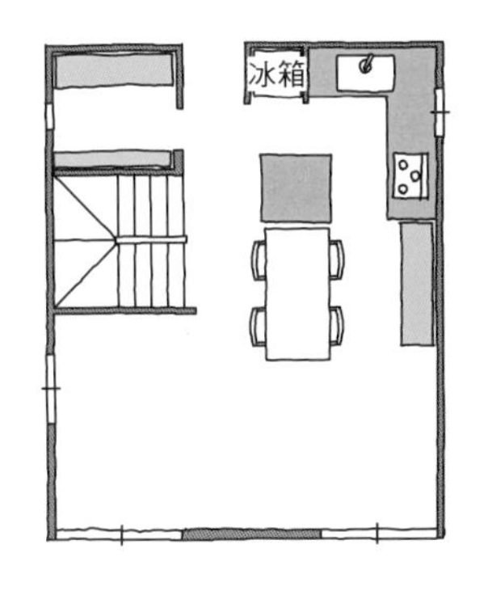


**只有櫃台為島型**

若經常會全家人一起下廚，這種配置也是不錯的選擇。

不僅不易凌亂，也能與家人和樂交流

**所以結論就是…**

**如果要選擇島型廚房，事前必須謹慎考慮收納場所與整體的配置方式。**

# 發現無須整理的聖地！

世上有許多國家都禁止賭博，然而為什麼賭場、賭馬這類「大人的遊樂場」卻依然存在呢？答案很簡單，因為如果沒有這些地方，全國便會因為累積過多壓力而陷入危險狀態。任何人都無法從早到晚活得品行端正，偶爾還是會想要脫離常軌、希望一輩子都能玩樂度日，甚至是偷懶不整理…

「但是我討厭亂糟糟的房間」。如果你是這種人，那麼工作區便是你的救贖。這裡是唯一做什麼都可以的地方，更是能幫助主婦們同時進行多項工作的得力助手。不僅同時進行A、B兩項工作，也趁空檔做了C…因為是以多方同時進行為前提，所以就算暫時擱著不收拾也無所謂。只不過為了避免看起來過於凌亂，唯有配置方式必須謹慎加以考慮。

## 同時進行的循環

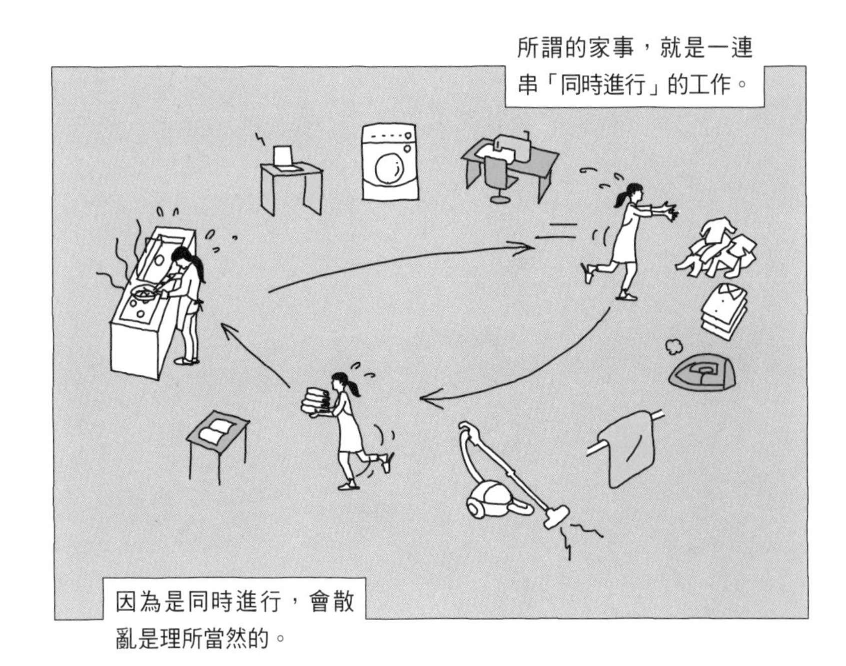

所謂的家事，就是一連串「同時進行」的工作。

因為是同時進行，會散亂是理所當然的。

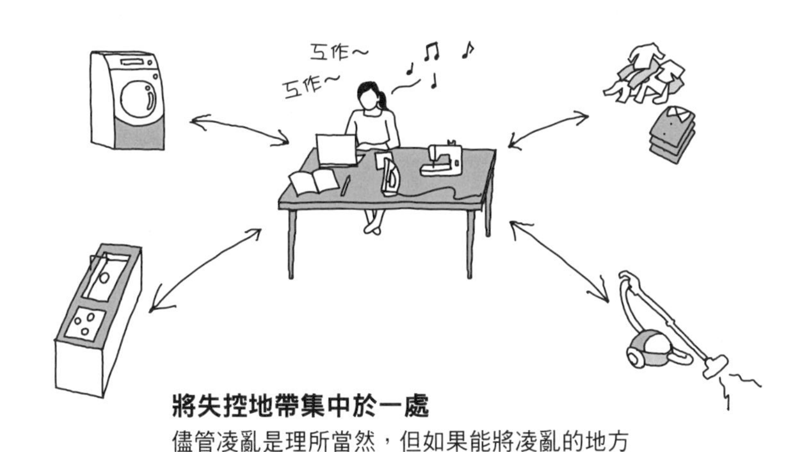


**將失控地帶集中於一處**

儘管凌亂是理所當然，但如果能將凌亂的地方集中於一處，就不會顯得整個房間都很亂了。工作區正好能符合這項需求。

# 深度與寬度的三階段

## 適當的深度為何？

工作區所使用的桌子，深度最少必須超過450mm。如果要擺放裁縫機、印表機，深度則需再調整。

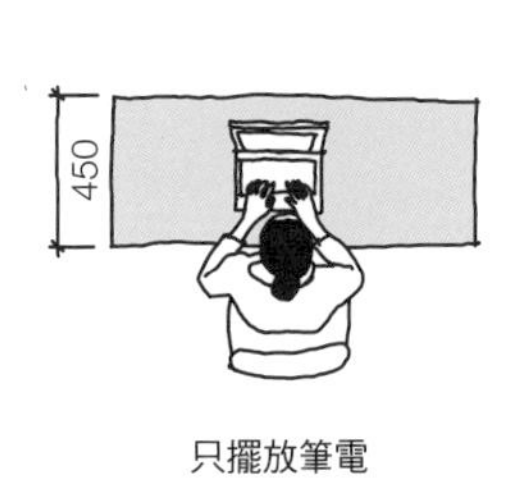


只擺放筆電

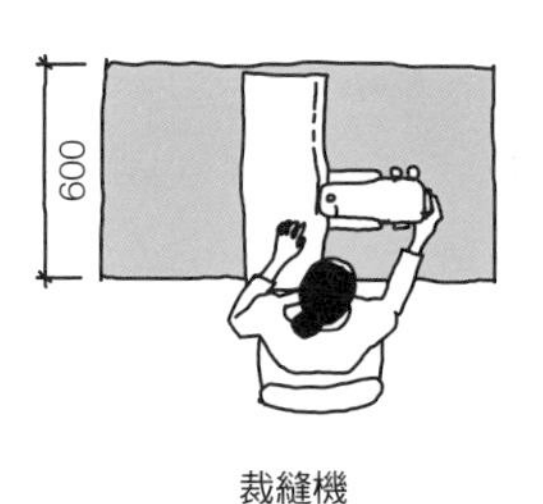


裁縫機

也想放置印表機和層架

## 適當的寬度為何？

寬度最少要有900mm。如果要擺放有輪子的抽屜，寬度應有1,200mm；若要陪孩子一同做功課，則最好要有1,500mm。

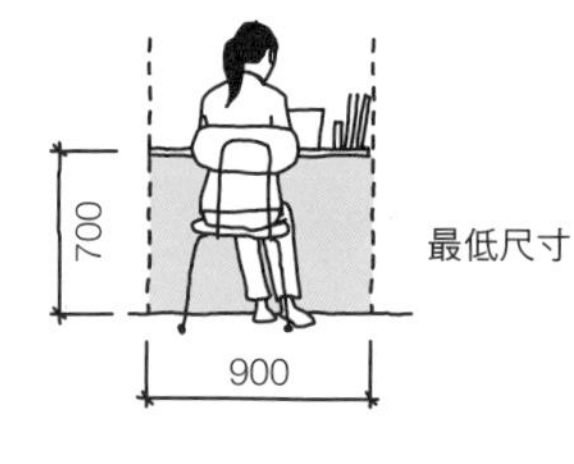


最低尺寸

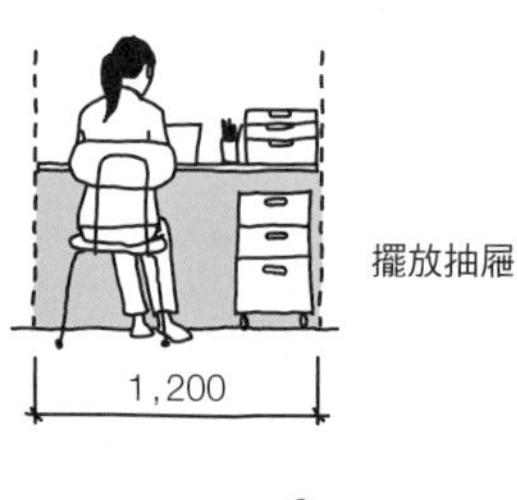


擺放抽屜

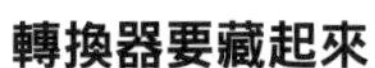

## 轉換器要藏起來

在工作區作業時會大量使用電力。只要事先安排能夠隱藏多個AC轉換器的地方，外觀就會顯得清爽俐落。

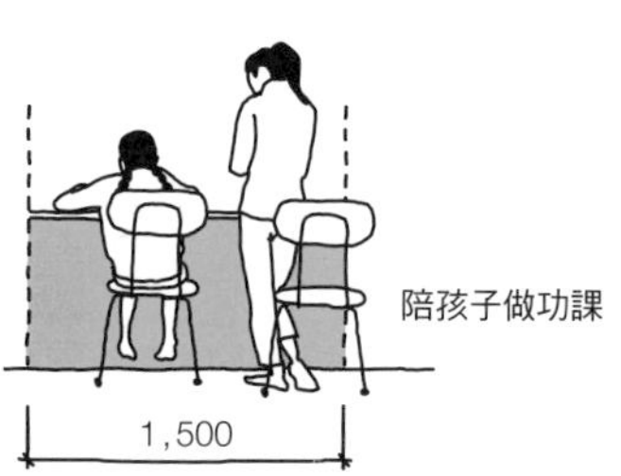


陪孩子做功課

## 工作區與廚房最契合

工作區應該設置在哪裡呢？關於這一點，我強力推薦設在廚房旁。

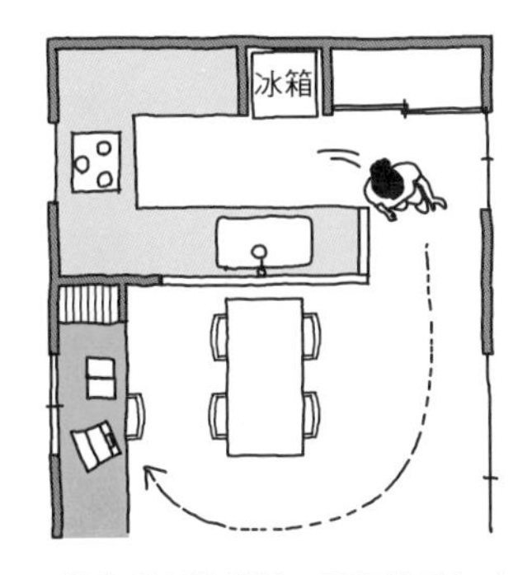


冰箱

設置在廚房旁果然好多了。

離廚房太遠的話，不但使用起來不方便，還會不知不覺被孩子的玩具占領了。

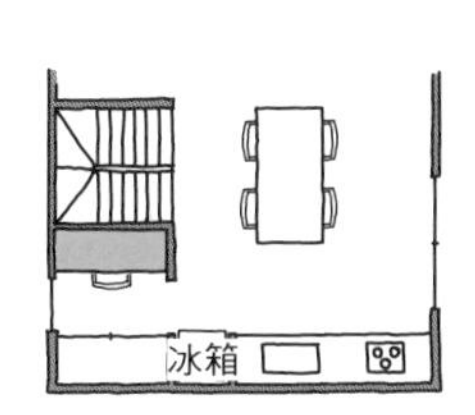


除了注意配置之外，若能設法讓人不易從餐桌看見工作區，就不必擔心工作區過於凌亂。但要特別注意的是，如果與外部過度隔離，反而會讓工作區充滿「孤獨感」，漸漸變成被冷落的地方。

**所以結論就是…**

**工作區有著能夠讓凌亂不堪的房間，看似井然有序的神奇力量。**

**若擅長整理則無須另外設置**

順帶一提，如果是很擅長整理的人，就可以讓「夜晚的餐桌」變身成為工作區，不必另外規劃出一塊空間。

COLUMN

1

# 理想的廚房配置

幾年前，有一家人委託我為他們的透天厝進行設計。那家人之前在出租公寓生活了很長的時間，女主人每天都對昭和時代的公營住宅那種狹小的廚房深感不滿。或許是因為如此，女主人的內心早就對新家的廚房有了詳細而具體的藍圖。

整體配置採可環視客廳的島型。流理台和爐子間的作業區比原來的60cm加寬了15cm。為配合女主人的身高，流理台的高度決定為85cm，只有爐子的高度降低至75cm。因為75cm的高度恰可讓女主人從上方看見正在加熱的鍋子內部。另外我們還將現有的鍋子、平底鍋的尺寸、數量整理成一覽表，連之後要收進什麼樣的抽屜，都經過仔細地安排規劃。

基本上，我對女主人的指示沒有異議，但我還是針對廚房整體的配置，提出了我個人的意見。「您所要求的島型廚房比較難保有足夠的收納空間」聽見我這麼說，「既然如此，那就做成L型吧，等等，ㄇ字型好像也不錯。對了，是不是還有一種T字型啊？」女主人反而開始三心二意了。每次她有新的提議，我都會畫出大致的草圖，請她確認動線。「爐子好像還是擺那邊比較好」、「這樣抽屜不方便使用，可以請你更換位置嗎」——當時的情形大概是如此。

其實從A方案開始，配置案一共經過13次的更改，最後來到了M方案。儘管如此，每一次的修改都讓女主人離心目中理想的廚房更近一步——若真如此，我再辛苦也都值得了。但實際上每一次的更改卻都讓她離理想越來越遠，回過神時，廚房的配置已經變得與她過去最討厭的出租公寓的廚房相差無幾。

「可是，這個配置和妳現在使用的廚房幾乎一樣……」我將新舊兩張設計圖擺在一起，向女主人確認這個事實。

「因為還是這個配置最方便啊，再說我也用慣了。」

另外，我也曾經遇過一個家庭中年長的一家之主，向我提出「現在住的房子太老舊了，想請你幫忙設計新家，不過格局要和現在一模一樣」這種令設計師哭笑不得的要求。

習慣這種東西實在可怕。沒有錯，至今未曾體驗過的行為和空間的確教人難以想像，要進入未知的世界也需要很大的勇氣。比方說，難得來到一間高級的中式餐廳，結果還是一如往常地點了麻婆豆腐和餃子，這也是出自不敢嘗試未知事物的心理。但是好不容易要蓋新家，若還是採取「保守行事」的態度，這樣實在稍嫌無趣了些。其實有很多家庭都是在徹底與長年慣用的格局道別後，成功地與過去不曾想像的舒適空間相遇的。

「在這個人的提案上賭一把好了」讓委託人願意下此決心，也是設計師的工作之一，而其中靠的就是設計者與委託人之間穩固的信賴關係。因此沒能帶給之前那位女主人將房子託付給我的勇氣，對我來說是一段苦澀的回憶。

# 在道別之前，請讓它留在你身旁。

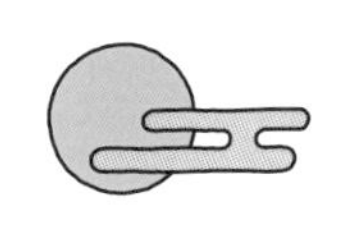

**先**是不顧一切地製造，之後才設法處理廢棄物……這句話可不只能套用在核能上。

廚房裡沒有適合擺垃圾桶的地方——在新居落成後，對屋主進行的問卷調查中，這是經常名列前茅的不滿意見。會出現這樣的問題也是情有可原，因為終日為打造理想住宅忙得焦頭爛額的人，根本無暇思考垃圾桶的擺放地點。因此，這個問題就要由設計師代為思考……原本應當如此，但有時卻連設計師也會把垃圾筒忘得一乾二淨。

垃圾最好能夠在產生地點附近迅速處理掉，所以垃圾桶要擺在廚房中央才是正確的。「什麼？要把垃圾擺在中央？」不不不，最近已經沒有人會說「垃圾」二字了唷。請各位在道別之日來臨前，好好保管這些重要的「資源」。

## 垃圾並不是垃圾

請各位仔細觀察以下的垃圾。這些東西雖統稱為垃圾，實際上除了左側的「可燃垃圾」之外，其餘都是現在相當炙手可熱的「資源」。

### 數量幾乎佔了半張榻榻米

在檢視各家庭平日所製造的垃圾之後，
我發現數量大約都佔了半張榻榻米。

以住家面積約25坪的4人家庭為例（我個人的經驗值）

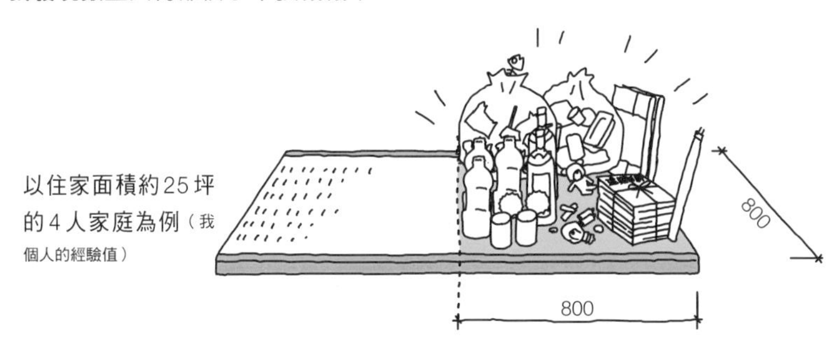


不能只想著「丟棄」廚房所產生的垃圾，應該思考如何在丟棄之前加以「保管」。那麼你會怎麼做呢？

## 在最佳地點保留空間

垃圾最好要保管在製造者的附近，其中又以廚房中央為佳。

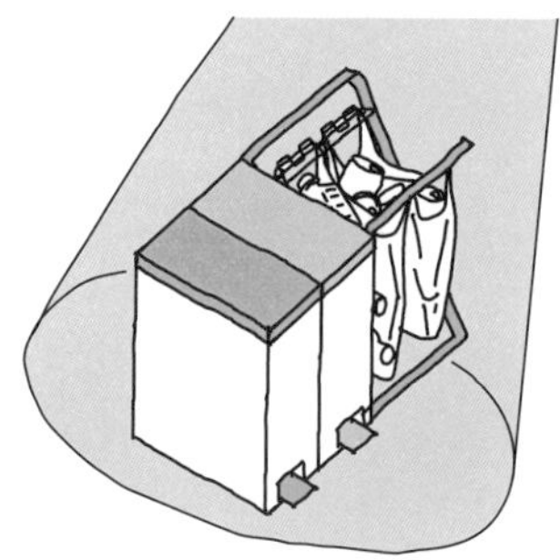

只要有寬800×深500×高600mm左右的空間，即可容納大部分的垃圾桶。

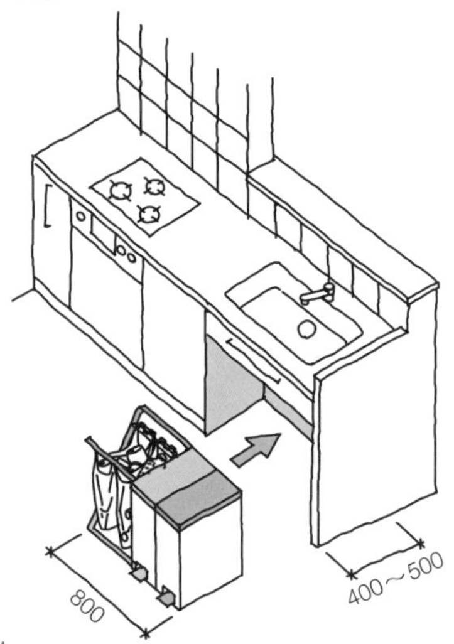


**若是訂製廚具，則可置於流理台下方**

如果是委託設計事務所從頭規劃廚房，就可以事先在流理台下方保留空間擺放垃圾桶。

放在不會被人從餐廳一眼看見的位置

**放在櫃台下也OK**

既成的系統廚具的流理台下方幾乎都沒有空間可利用。建議不妨另設廚房櫃台，使用櫃台下方的空間。

## 廚餘的處置

「廚餘」堪稱是「垃圾中的垃圾」，有著會產生臭味和水氣的致命缺點。尤其是天氣炎熱時，必須盡量拿到屋外擺放。

將塑膠袋口綁好後扔進垃圾桶(可燃垃圾)!?

**如果有後門…**

這時如果有可直接出入廚房的後門就方便多了。只要將廚餘用的垃圾桶放在後門旁即可。

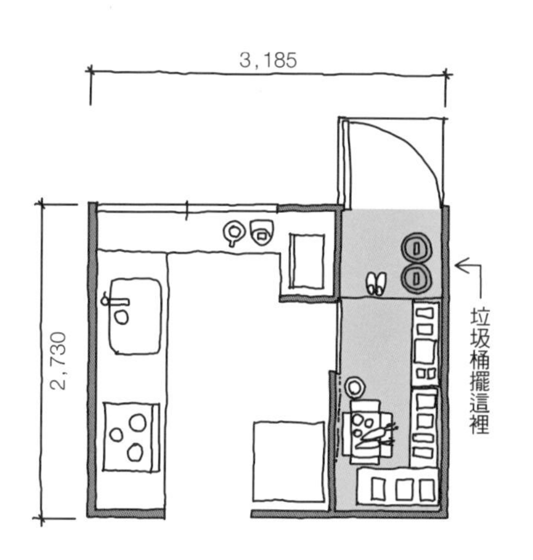


**在廚房旁設置儲藏室**

假使家裡空間夠大，建議可以在廚房旁設置一個約1坪大小的儲藏室。除了廚餘之外，也可以將其他想置於屋外的東西暫時集中保管於此。

**所以結論就是…**

**請務必事先決定好廚房垃圾的「保管地點」。**

# 壁櫥

## 只有相撲力士才需要寬廣的懷抱。

**【懐が深い】**——①在相撲中，意指手臂與胸口之間的空間很大，讓對手很難抓到兜檔布／②心胸寬大，有包容力。「——人」（大辭泉）

翻開字典，「懐が深い」這個詞代表的都是好的意思。但是假使親切的木工師傅好心地說出「我幫你把收納櫃做大一點吧」這句話，你可千萬不要道謝，應該要立刻出聲制止才對。因為收納櫃越有包容力，越會對「整理」造成妨礙。

一提到大容量的收納櫃，一般人都會立刻想到1間（6尺）×3尺的舊式壁櫥。說不定你家也有？那麼我們來看看壁櫥裡放了什麼吧。嗯，有棉被、行李箱、舊報紙……咦？放在最裡面的紙箱裡，究竟裝了什麼啊!?

# 用壁櫥收納棉被

壁櫥的尺寸一般都是1間（6尺）×3尺，
「恰好」可以收納折好的棉被。

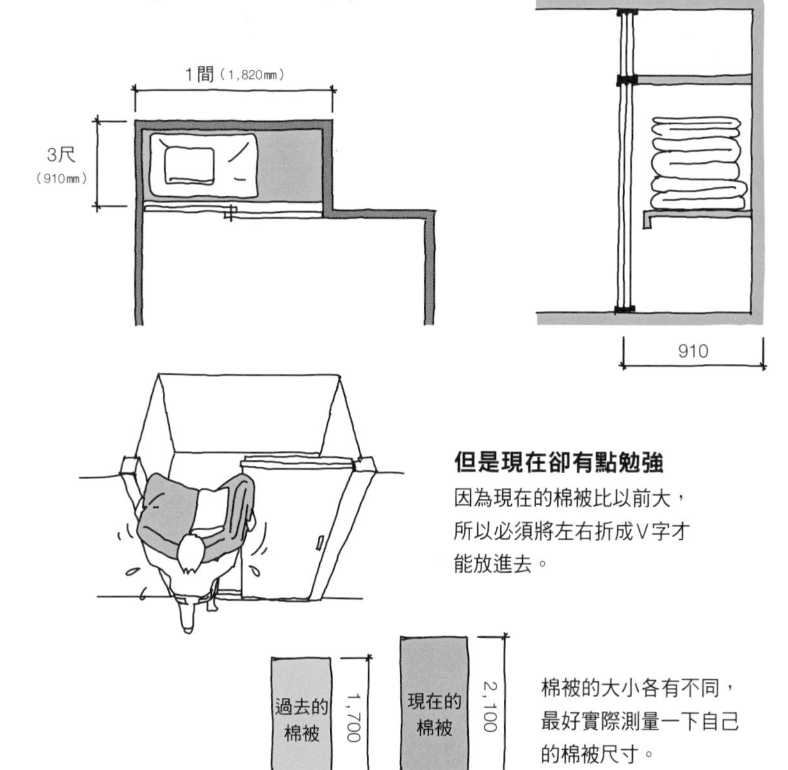


**但是現在卻有點勉強**

因為現在的棉被比以前大，
所以必須將左右折成V字才
能放進去。

棉被的大小各有不同，
最好實際測量一下自己
的棉被尺寸。

**也塞了許多棉被以外的物品**

儘管現在的棉被尺寸較大，但就算在1間×3尺的壁櫥裡放4人份的棉被，還是有剩餘的空間。既然有空間，自然會讓人想放一些棉被以外的東西。但被塞在深處的物品因為很難取出，所以經常不久後就被遺忘了。

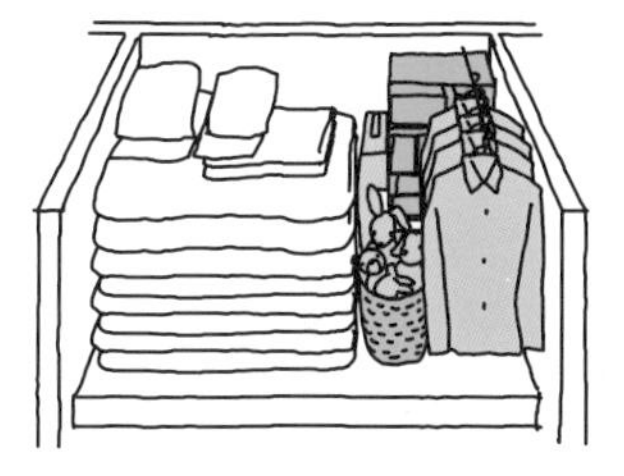

由於深度超過800㎜，因此東西
分成前、後兩部分擺放。

## 深度深、深度淺的物品

請依據壁櫥內物品的尺寸，將其分成兩類，然後製作兩種不同深度的收納櫃。如此可能減少空間的浪費，取用上也會方便許多。

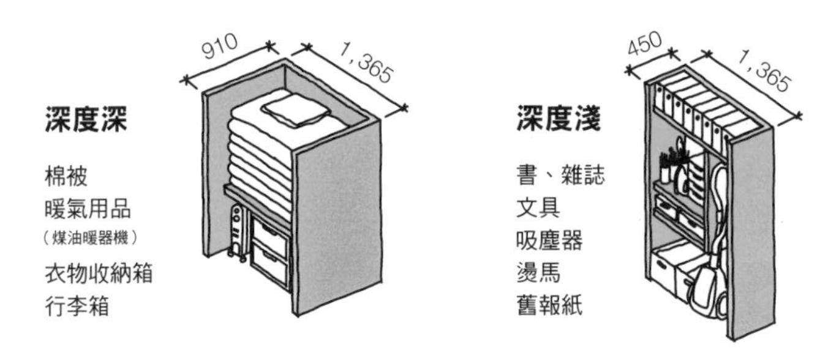


### 務必要在門前保留空間

無論收納空間的深度是深是淺，都必須在門前預留800mm以上的「留白」。如果不這麼做，就無法順利取出物品了。

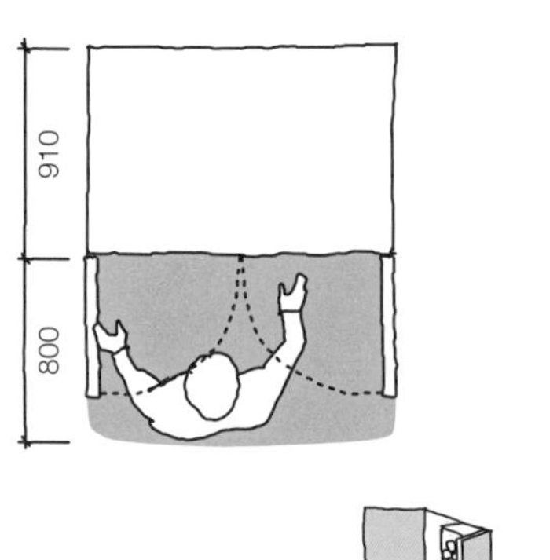


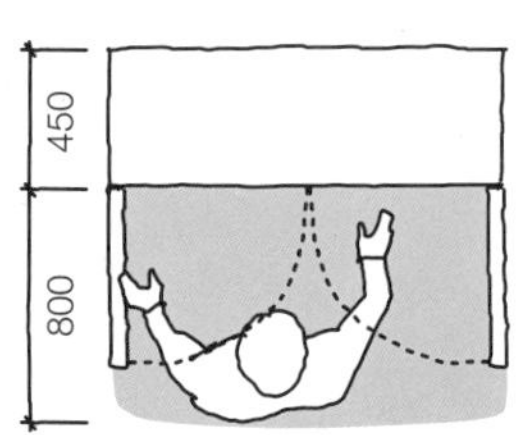

但是若將推開門改成橫拉門，「留白」的空間就可以小一點。

## 「留白」的形式與房間的寬敞度

### 一般的壁櫥

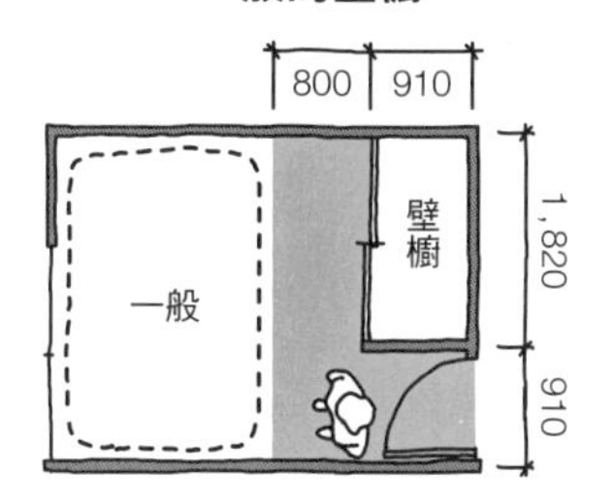


在一個房間內設置兩種收納櫃時，請務必留意「留白」的形式。假使用了錯誤的方式，即使收納量的問題解決了，房間內的可用空間也會大幅縮水。

### 一旦分散，可用空間就會不方正

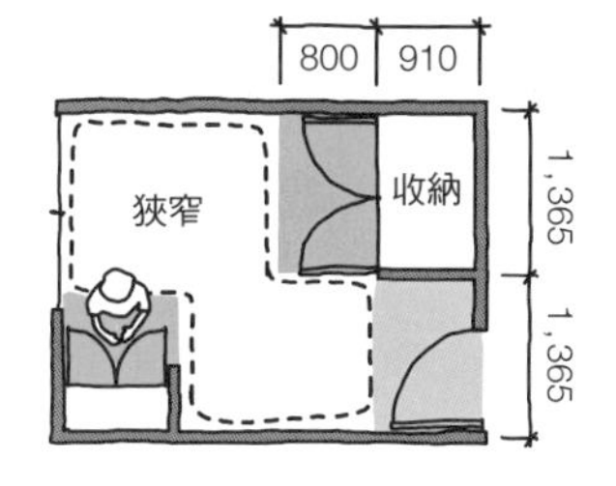


### 集中可讓空間寬敞

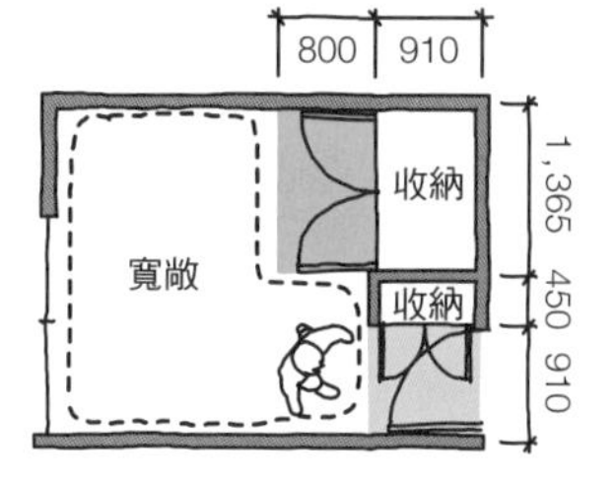


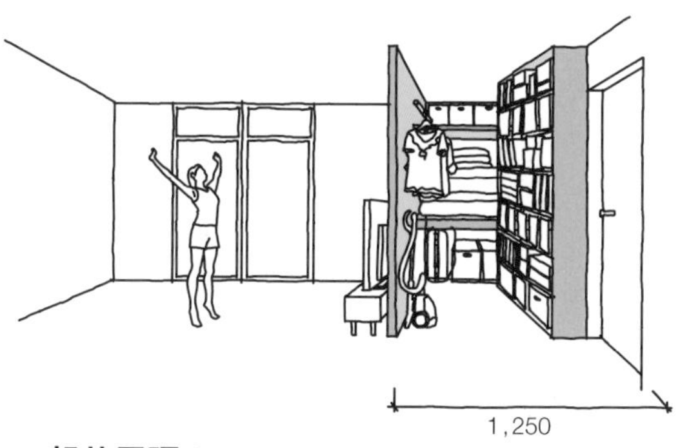


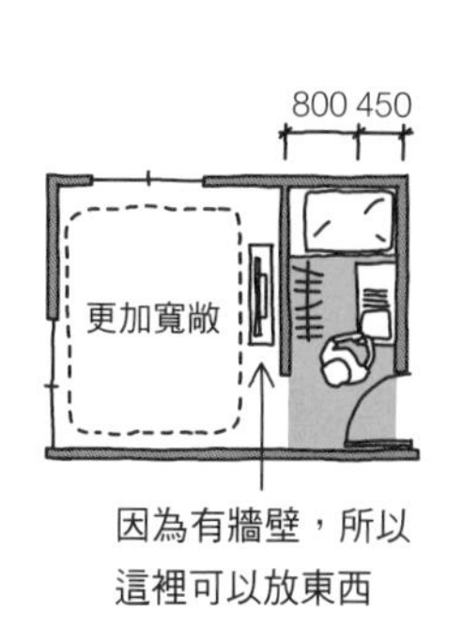


### 一起共用吧！

還有一種讓可用空間更為寬敞的方式，是讓兩種收納空間共用門前的「留白」。因為共用的關係，房內的可用空間於是變更多了。用一道牆隔開也OK。

**所以結論就是⋯**

**收納的成敗關鍵在於深度與配置方式。**

# 再見了，黴菌！

我家浴缸的蓋子該選哪種才好？——這個問題一直困擾著我。捲式的浴缸蓋有很多溝槽，清理起來好麻煩；分割成兩半的板狀蓋子則是拆下後不知該放哪裡。最重要的是，質感廉價的聚丙烯材質實在不得我心…因此我家目前是將七片氣味芳香的日本金松薄板排放在浴缸上，如果想在浴缸裡看書，就把板子疊起來當成書桌。不過，我想木板應該不久後就會發霉變黑了吧…

無論新建或翻修，設計師在與客戶討論時，必定會遇上「發霉」這個問題。在廚房鋪磁磚的提議，經常會被客戶以「清理縫隙的黴菌好麻煩」的理由駁回，而在浴室鋪磁磚的提案也是同樣的下場。我可以理解各位的心情，但是深受歡迎的裝嵌式浴室也有接縫，若放著不管也一樣會發霉啊…

## 浴室常被擺在多餘的地方

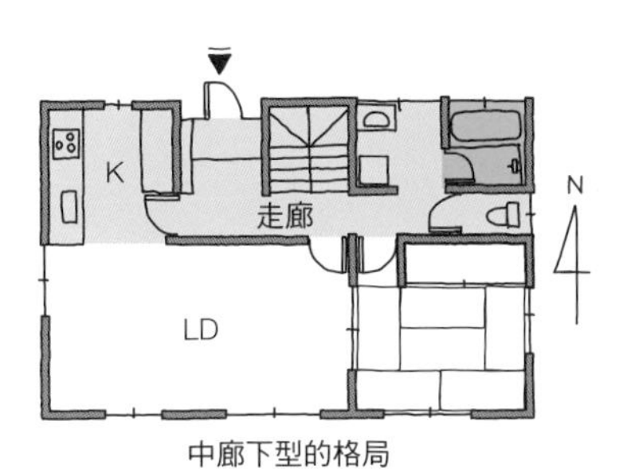

中廊下型的格局

在規劃格局時，日照良好的南側通常會被客廳、餐廳、和室所佔領；至於走廊另一邊的北側，則通常是盥洗室、浴室、廁所等用水處。日本自古便十分偏好這種「中廊下型」的格局。

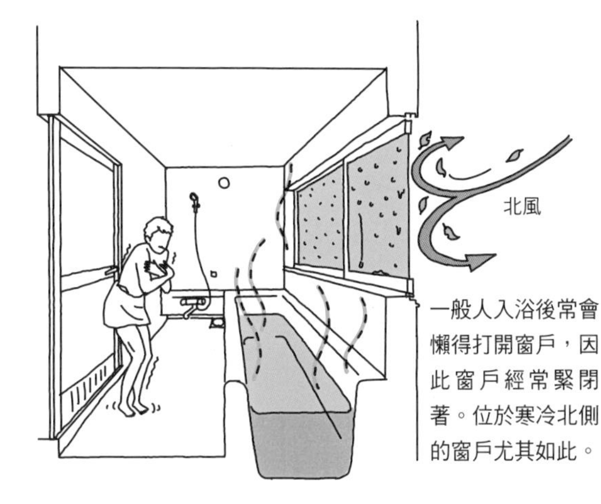

一般人入浴後常會懶得打開窗戶，因此窗戶經常緊閉著。位於寒冷北側的窗戶尤其如此。

**北側的浴室並不舒適**

實際上待在北側的浴室裡是相當難熬的。

北側浴室的日照差、氣溫低，天冷時玻璃窗更是容易被北風凍得結露。即使開了抽風機也無法完全排除濕氣，一不小心就會招來黴菌大軍。

**排除浴室的濕氣**

即便浴室在北側，只要事先做好通風規劃，一樣能夠解決濕氣、發霉的問題。但話雖如此，風並不會隨時在室內流通，冬天的寒意也會讓人想要緊閉門窗。

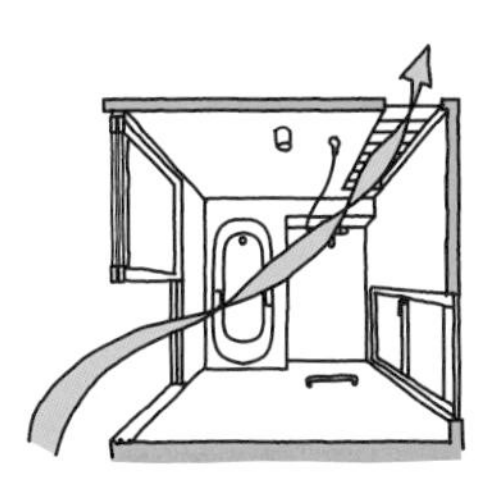
**打開設於兩處的窗戶**

只要在對角線上設置窗戶，空氣就容易流通

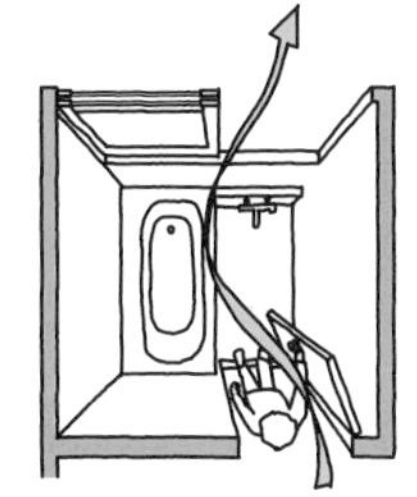
**打開門窗**

## 遷到南側

浴室只要位於北側，無論採取何種方式來防止濕氣引起的發霉，終究還是會以失敗收場。既然如此…不如乾脆將浴室遷到溫暖又乾燥的南側吧。

### 南側的浴室宛如天堂

來到遷至南側的浴室，你將感覺自己猶如置身光明絢爛的極樂世界。

因為日照良好的關係，紫外線和紅外線能夠分別帶來殺菌和暖氣效果，而且只要白天打開窗戶，即可長時間保持乾燥狀態，讓黴菌毫無機會孳生。

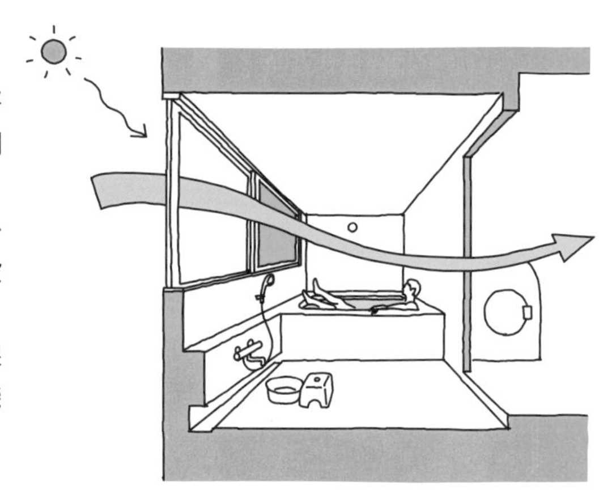

即便將浴室設於南側，也請盡量打開窗戶，以免窗戶玻璃隔絕了黴菌討厭的紫外線，導致抗菌效果低落。

### 黴菌與人的南側爭奪戰

由於建築物南側的居住環境最為舒適，因此一般人還是無法接受為了將浴室設在南側，而把客廳放逐到北側。

## 試著將浴室遷到二樓

想讓浴室和客廳都在南側！如果你希望兩者兼得，那麼建議將其中一者遷至二樓。

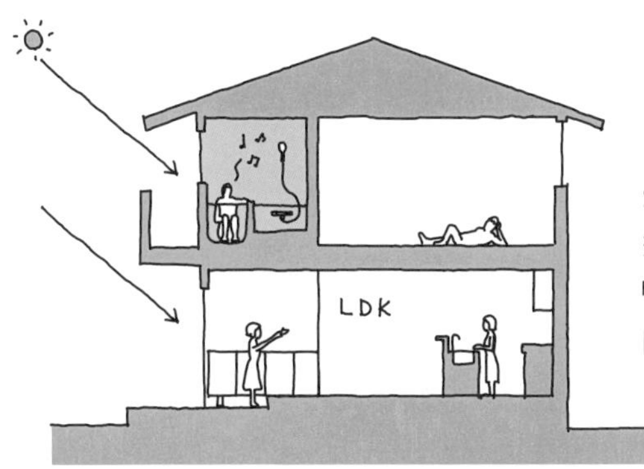


**如果將浴室設在二樓？**
若將浴室和更衣間設在二樓，「脫衣服→洗衣服→晾在二樓陽台上」的流程也會很順暢。

**在下方設置玄關**
只要在浴室下方設置玄關，萬一發生漏水的情形，也能將損害減至最低。

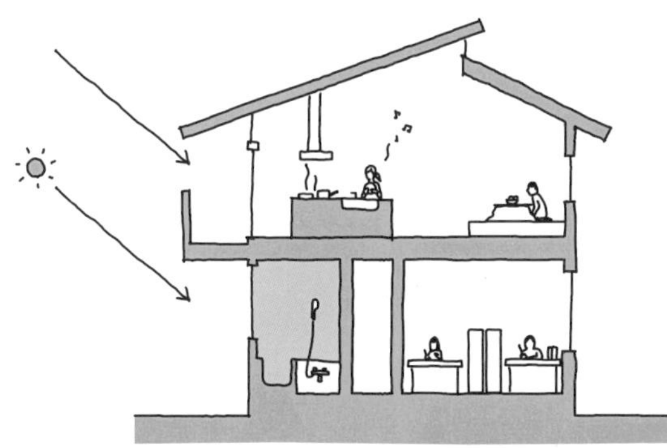

**如果將客廳設在二樓？**
若將客廳設在二樓，就可以在一樓規劃出許多小房間。房間一多，分隔房間的隔間牆就會增加，建築物的耐震性能也會因此提升（耐震性與牆壁數成比例）。

此為大致的概念圖。若依照圖中的配置，寢室將位於房屋的北側，因此實際設計時還需費心調整。

**所以結論就是…**
**要解決發霉問題，請務必善用南側。**

# 收納的大絕招就在這裡。

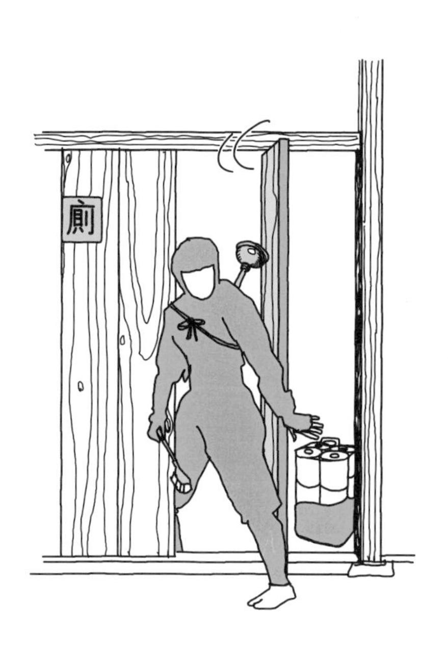


靠近馬桶，蓋子就會自動開啟！——最近馬桶的進化程度實在令人吃驚。僅管技術革新的方向性並未讓人錯愕到質疑「有必要做到這樣嗎？」，但馬桶的功能在這幾年確實有了大幅度的提升。而擺放馬桶的廁所又是如何呢？現在的廁所雖然是比從前寬敞許多，卻依舊僅約一張榻榻米的大小。家家戶戶都只把廁所塞進隔間後的剩餘空間就了事——情況普遍如此。

一般人都不知道，廁所這個空間其實有非常強大的收納能力。畢竟大部分的廁所裡都只有一扇小窗戶，其餘都是牆面，而就如同我之前所提到的（↓22頁），牆面越多對收納越有利。

因此，當然要將廁所當成收納的大絕招。

# 廁所進化論

## 從古至今

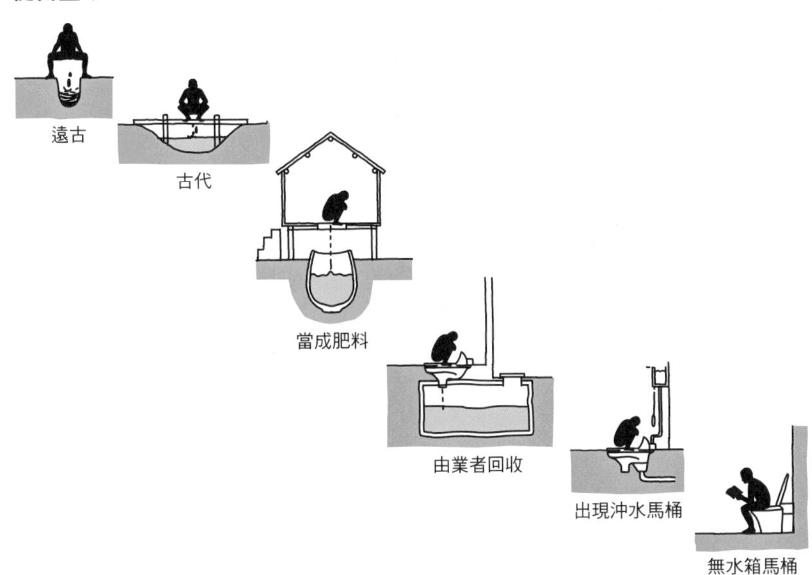


## 昭和之後的沖水馬桶的普遍尺寸

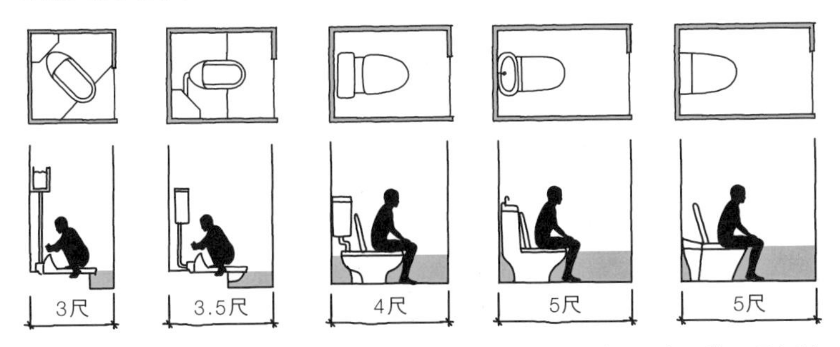


隨著空間擴大，水箱的位置逐漸下移，現在則是放在馬桶下方。

### 雖然增大了，但是…

「回歸自然→汲取→沖水」廁所的形式不斷進化，但在此我希望各位注意的是「廁所這個房間」的尺寸。從¼坪的和室到半坪的西式，廁所的面積雖然隨著時代增大了，但是…

## 光用來排泄是不夠的

假使只把廁所當成排泄的地方，空間自然不需要太大。但如果認為「廁所＝放鬆的場所」，空間還是寬敞一點比較好。事實上近來有越來越多住宅的廁所面積都十分寬敞。

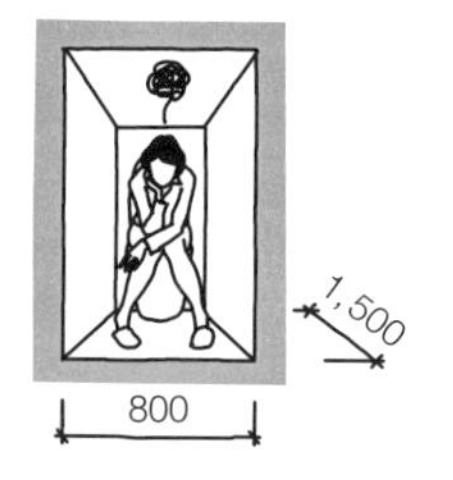


**廁所的標準尺寸**

以最近的馬桶大小為考量基準，面積應有寬800×深1,500㎜左右。

### 若視為放鬆的場所，則必須解決收納的問題

那麼作為放鬆場所的廁所，究竟需要多大的面積呢？其實只要比標準尺寸多約300㎜就可以了。

**增加300㎜之後…**

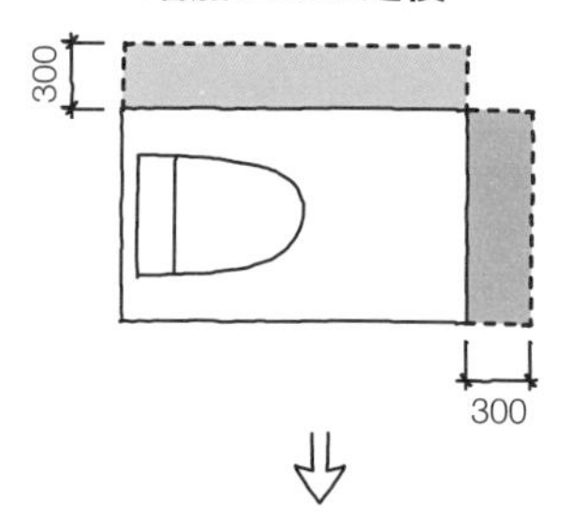


**可以裝設洗手台**
**（增加寬度時）**

廁所一旦變得寬敞，馬桶四周打掃起來會更為方便。

**可以裝設書架、擺飾架、收納櫃**
**（增加深度時）**

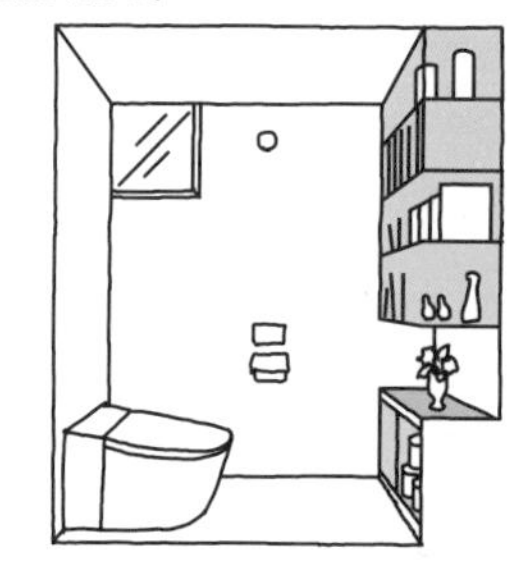

有些主婦也會將吸塵器收在這裡。

## 這麼做就會變寬敞

不少人認為「廁所＝狹窄」，而之所以會有這種印象，是因為一般人常有將廁所塞進「多餘空間」的習慣。其實只要如下花點功夫，就能輕鬆保有寬敞的生活空間。

### ×縱向進出廁所

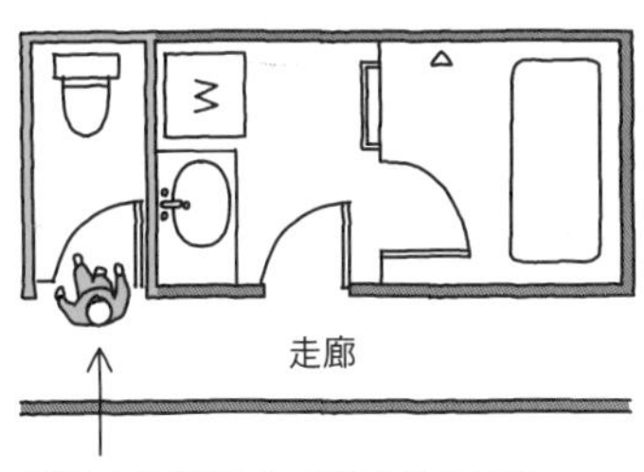


通往走廊的出入口與馬桶之間的空間僅能用來移動。而且馬桶和門的距離一旦太長，忘記鎖門時，要是有人不小心開了門，也無法握住把手避免走光。

### ○與盥洗、更衣間相連，從旁邊進入

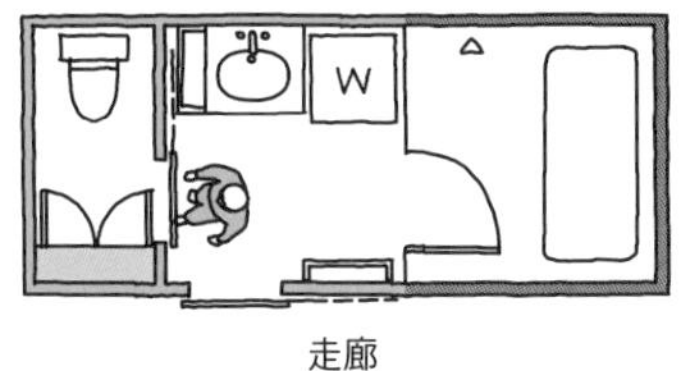

將出入口改成拉門
（通常是在規劃備用廁所時，才會將其配置於盥洗室內）

### ○有效利用樓梯下方

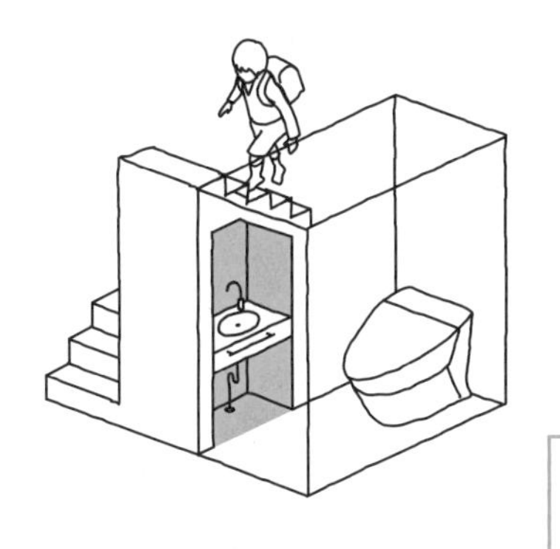

樓梯下方是設置洗手台和收納空間的好地點。

**所以結論就是⋯**

**只要將廁所改變成放鬆用的場所，收納力便會大為提升。**

# 土間、耳房

## 不知該放哪裡的東西就擺這裡。

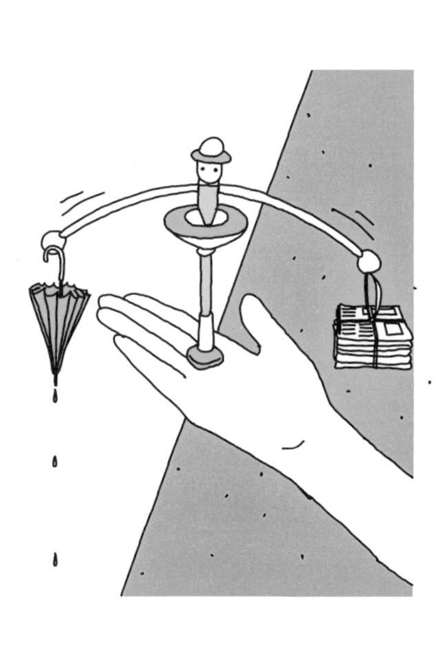

各位在前往工作地點或是上學的途中，會踩踏到天然的土壤嗎？我個人是不會，因為從我家到公司的道路，全都覆蓋上了柏油或混凝土。多虧有了這些覆蓋物，我們才能在下雨天也不受泥濘之苦，舒適地行走，但如果你以為這是理所當然的，可是會掉入意想不到的陷阱之中。

我們需要整理的物品，未必永遠都是乾淨清潔的。像是濕淋淋的、沾了泥土的、有異味的⋯這些放室內或室外都不恰當、不知該擺往何處的東西，便可放置於土間和耳房。雖然近來已經很少見了，不過這樣的空間確實能帶來極大的便利。從新屋落成數年後，不少家庭都會增建耳房這一點，足見這類空間的重要性。

## 放室內、室外都不恰當

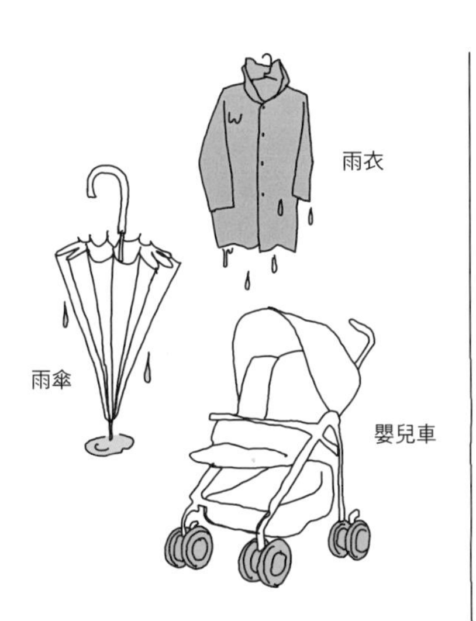


**移動時的用具**

希望只帶入玄關，不要帶
進屋內的物品。

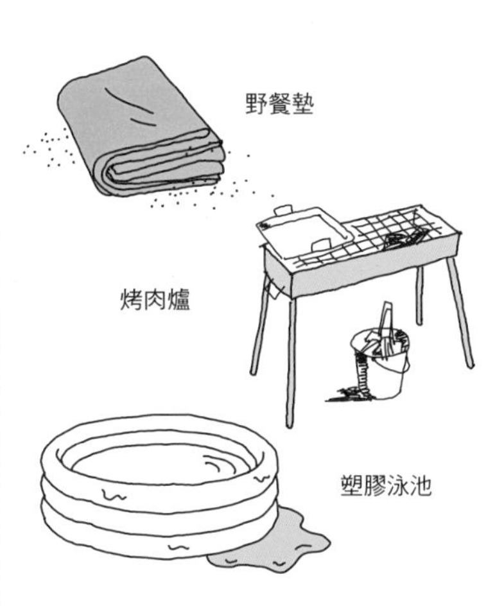


**戶外活動的用具**

因為髒掉的關係，不想帶到室內收納。
但如果放在室外一定又會更髒。

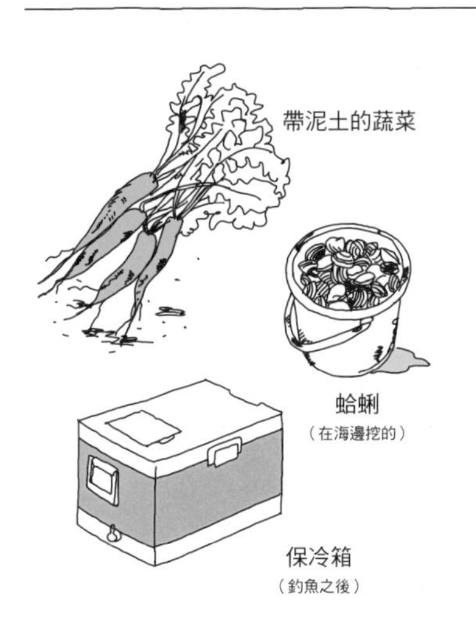


**新鮮的食材**

因為沾有泥土或水珠，所以
不方便放在屋內。

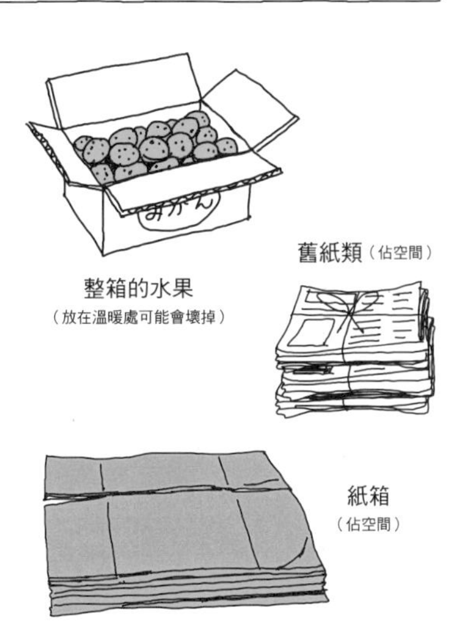


**佔空間類**

就是不想放在房間裡…

## 有了會更方便的土間和耳房

土間和耳房可以用來放置「放室外、室內都不恰當」的物品。

**土間**

沒有鋪地板材的地面稱為土間。從前的土間只會將地面的土壤夯實，最近則是會澆置混凝土或鋪上磁磚。

**耳房**

附屬在主屋旁的屋頂或該屋頂下方的空間都稱為耳屋。耳屋的地板也多為可穿鞋踩踏的混凝土材質。

**半室外空間是奢侈的極致**

雖然土間和耳房大多被當成儲藏室使用，但其實只要有一定的寬敞度，就能打造成一個用途與室內不同的「特別空間」。

## 空間不大也無所謂

即便家中面積不大，也建議各位盡量保留能夠穿鞋走路的「室內」。以下例子供各位參考。

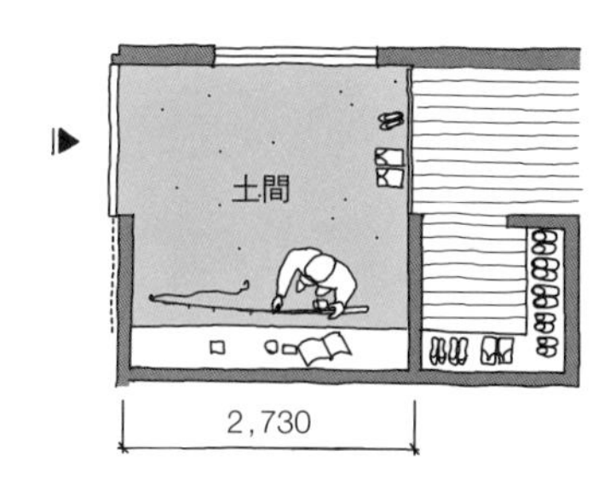

### 加大玄關的水泥地面積

只要加大水泥地部分的面積，玄關的使用便利性就會大為提升。水泥地寬敞的玄關亦稱為「土間玄關」。

### 對車庫多花點功夫

車庫的地板本來就是以穿鞋行走為前提而鋪設。各位不妨試著將車庫的面積擴大一些。

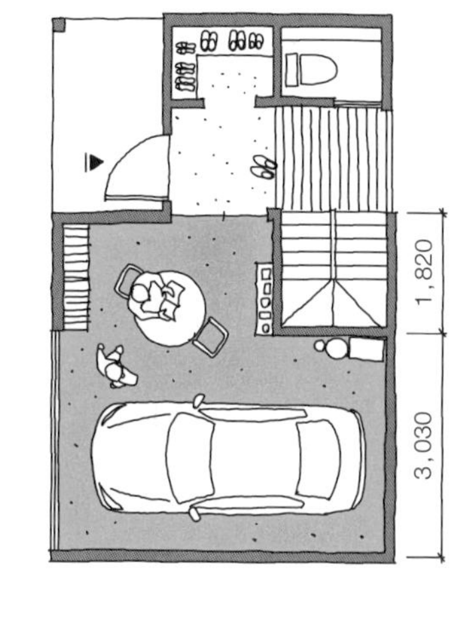


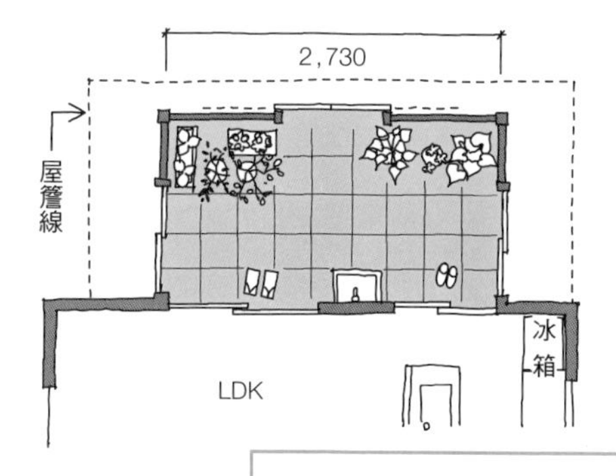


### 日光室（室內露台）

這是與LDK相連的小房間。若連擺放植物的地方也能穿鞋行走，就能更盡情享受養花蒔草的樂趣。

**所以結論就是…**

**可穿鞋行走的空間，絕對會是你生活中有力的助手。**

# 只要掀開地面就會產生縫隙。

幾乎每部以天災為主題的災難片，都會透過火山爆發和地面崩裂的場景來表現事情的嚴重性。地面崩裂的程度越大，災情看起來就越嚴重。

一旦地面的裂縫朝左右擴大，地面上許許多多的東西就會往下掉落，就好比動作粗暴地將物品從地面收到地底下一般。住宅中其實也有類似的構造。沒錯，就是地板收納。只要拆掉一部分的地板，底下的小小收納空間就會張大嘴巴等著接收物品。形式與地板收納相反的是屋頂收納。無論地板還是天花板，這兩者過去一直都被當成確保收納空間的苦肉計，極度受到歡迎。但如今新來的勁敵出現了。這種名為閣樓 & 夾層的收納方式，能夠掀開地面、增加地板面積，創造新的縫隙進行收納。

## 上或下都有缺點

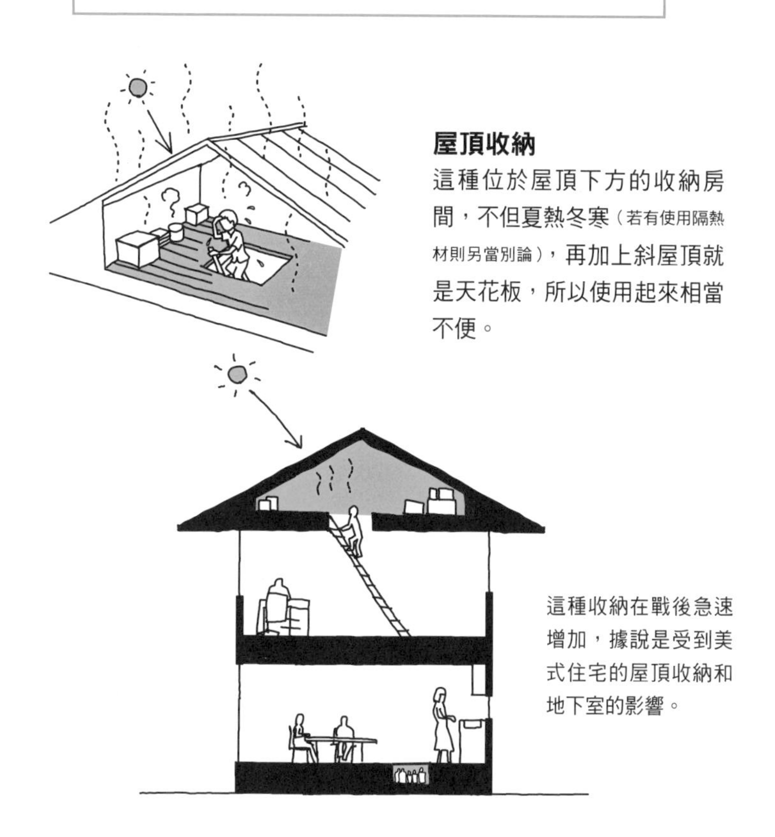

### 屋頂收納

這種位於屋頂下方的收納房間，不但夏熱冬寒（若有使用隔熱材則另當別論），再加上斜屋頂就是天花板，所以使用起來相當不便。

這種收納在戰後急速增加，據說是受到美式住宅的屋頂收納和地下室的影響。

### 地板收納

地板收納空間的濕氣重，能夠擺放的物品有限，不僅衛生方面令人堪憂，給人的印象也不是很好⋯

### 一旦放入東西⋯

無論屋頂收納還是地板收納，一旦把物品收進去，之後要取用就得大費周章。久了之後，甚至會忘記自己在裡面放了什麼。

## 在中間層製造縫隙

與其將物品塞進建築物上方或下方的閒置空間，不如在中間層製造一些縫隙作為收納之用，更能提升收納力和機能性。比方說…

**架高地板的下方**

利用客廳與和室的高低差「架高地板」，在榻榻米下方製造大量收納空間。

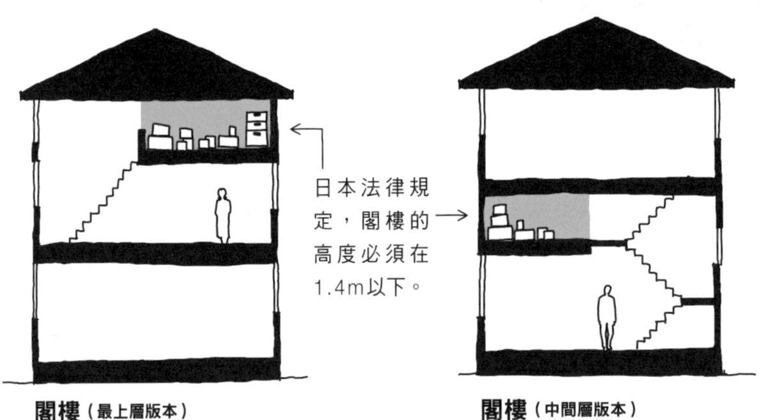


**閣樓**（最上層版本）

在二樓和屋頂之間設置收納空間。

**閣樓**（中間層版本）

在一樓和二樓之間設置收納空間。

**夾層**

挪移地板面，利用高度落差製造出來的空間稱為「夾層」。這種縫隙也能成為收納空間。

若有使用到地基部分，則必須進行牆壁的隔熱施工。

# 盡可能製造夾層

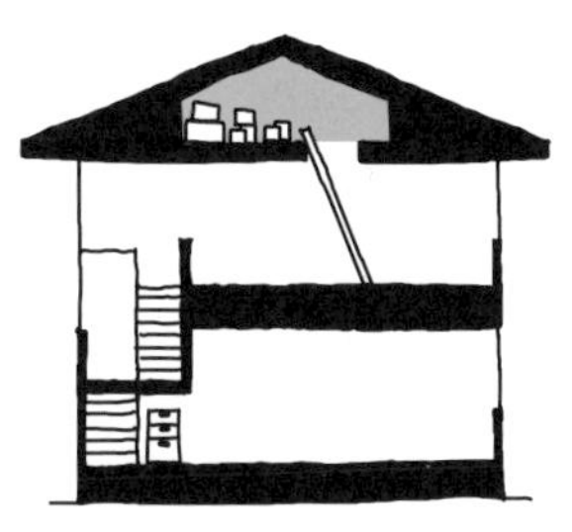

就增加收納量一點來看，夾層是非常理想的方式，尤其對都市區的狹小用地而言是再適合不過。只要好好規劃，甚至能夠製造兩個夾層。

**當屋頂收納為1時**

假設屋頂的收納量為1，那麼夾層的收納量就是它的2倍。

**1個夾層**

1個夾層的收納量約為2倍。

**2個夾層**

若再增加1個夾層，收納量將變成原來的4倍。

## 有夾層的生活

夾層雖然會讓地面變得細碎分散，充足的收納量卻對居家整理助益良多。只不過這個手法背後有一個很大的「缺點」，那就是設計難度高，建築費用也居高不下。而且一旦過度使用，家中格局就會變得像「忍者屋」一樣錯綜複雜，不可不慎。

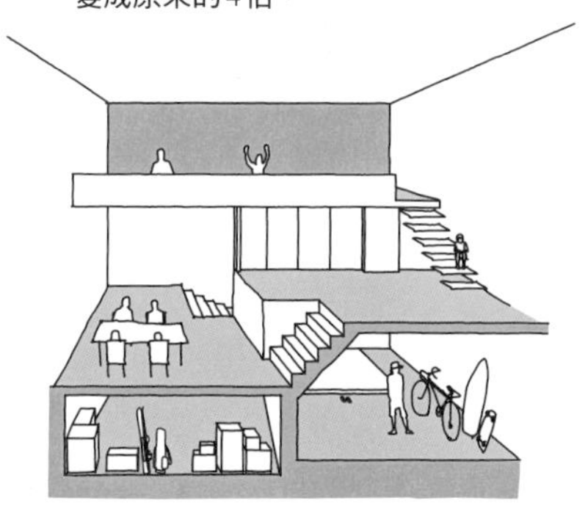

**所以結論就是…**

**只要縱向地挪移地面，未知的空間就會悄悄現身。**

COLUMN 2

# 房子小一點比較好

本書看到這裡，或許有人心中已經產生這樣的疑問：

「雖然你叫我們在這邊設置收納，又要我們在那邊為收納多花點心思，可是除非房子有一定的寬敞度，否則應該很難全部做到吧？」

這句話說得沒錯，但只適用於「用加法的思維去思考格局」的情況。住宅設計的妙趣，本來就在於在有限的預算和用地面積中，一邊投注十分必要的些許玩心，一邊建構出高品質的空間。對於狹小的用地就以適合狹小用地的收納方式、設計方式去應對。

左圖是玄關的設計範例，從圖中可以看出，即便地板面積相同，相異的設計方式卻會帶給住戶截然不同的感受。下圖的玄關可以擺放腳踏車，鞋櫃也很大，再加上減少了拉門和推開門等設備，東西擺放起來也很容易。儘管房間看起來變小了，但其實上圖和下圖的房間大小同樣都是2.25坪。只不過下圖在窗戶的位置上特別做了一點安排，讓視野變得開闊，所以會感覺空間面積比2.25坪來得寬敞。

經常有屋主在與設計師討論時，一見到平面圖上「〇坪」的數字，就語帶不滿地表示「4坪的客廳太小了，至少要有5坪才行」，但是我建議各位最好還是不要太信任設計圖上的數字，因為數字歸數字，與實際感受未必相當。

對於設計師無論怎麼說明，也無法讓屋主理解的「感覺」，我個人的經驗是提議「房子小一點比較剛好」。我的意思不是要減少房子的可建量，而是縮小地板面積、降低天花板高度，如此施工面積和樓梯數便會減少，建築費用也會隨之下降。另外若能降低建築整體的高度，這樣不僅合乎「高度限制」等法律規範，也能加深房簷的深度。優點可說是不勝枚舉。

但是卻很少有客戶贊同我這個提案。這是當然的，因為我們從小就被教導「大材可小用，小材卻難以大用」，自然會覺得「小」房子不好。因此我的「小一點」的提案，明天肯定也要遭遇被立即否決的下場了。

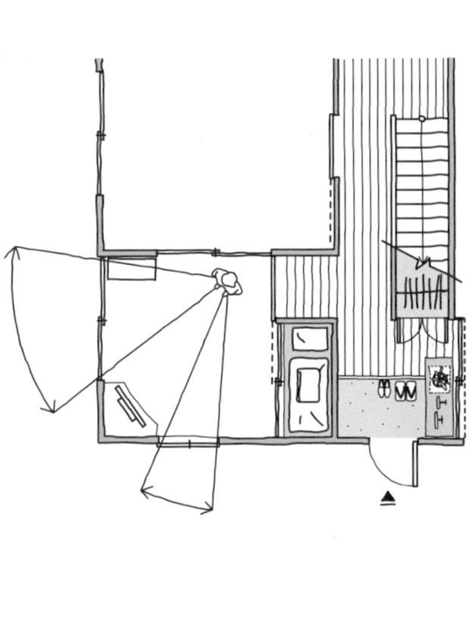

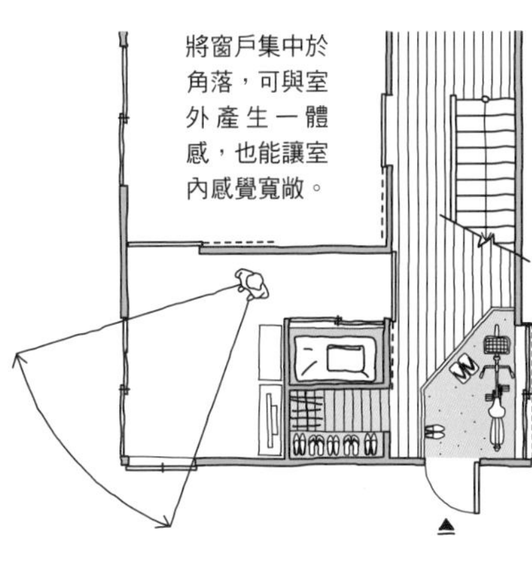

CHAP.

# 2

# 所有物品都要適得其所

# 在「曬」與「摺」之間。

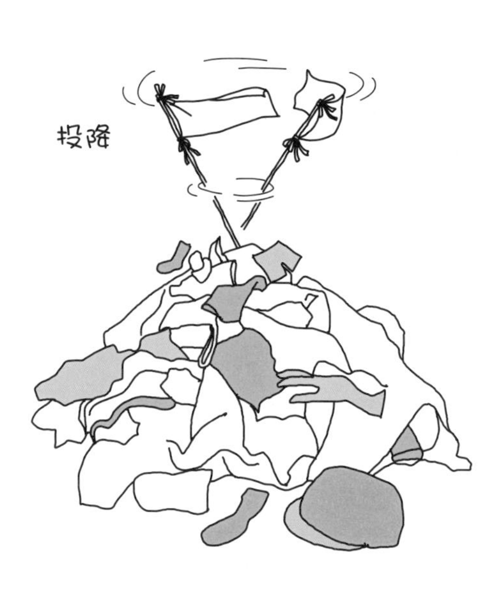


每次有向主婦們詢問「最討厭的家事」的問卷調查，燙衣服必定都會位居前三名。我懂，我也很討厭燙衣服，所以我平常都盡量不穿需要熨燙的衣服。那洗衣服呢？洗衣服這件事，據說好惡的差距相對不大，而討厭的人大部分都是覺得「摺衣服」這個步驟很麻煩。

洗衣服是由「洗→曬→摺→收」這一連串行為所組成的家事。為了能夠有效率地進行，設計良好的格局、動線可以說是最重要的。陽台的形狀、與曬衣場之間的移動距離等，需要檢討的事情有很多，但其中最重要的就是在曬與摺之間的「暫時收入屋內」。這正是擾亂室內秩序的元凶。

# 曬衣場所需的長度

## 同時晾曬須超過4.5m

若想同時晾曬4人份的衣物和棉被，曬衣場的長度至少要有4.5m以上。如果有4.5m…

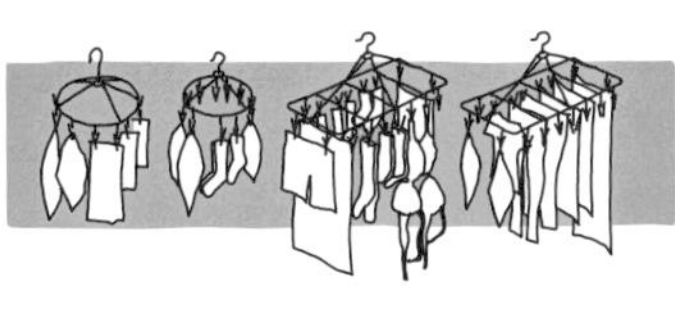

可以輕鬆掛起
4個曬衣架

可以晾曬
4床棉被

## L型也OK

4.5m的長度並非一定要是一直線，L型也一樣可行。如果可以，最好能夠把衣物晾在日照時間長的西南側。

## 曬衣桿要有3支以上

如果要同時將衣物和棉被晾在院子裡的曬衣桿上，那麼桿子一定要有3支以上才行。

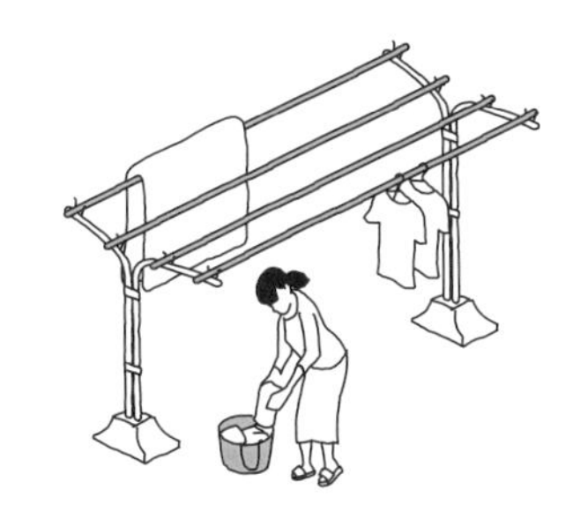

## 晾在陽台上時

### 如果欄杆很矮…

假如要將棉被晾在二樓陽台上，請務必確認欄杆的高度。一旦在陽台地板上鋪木棧板，地板到欄杆頂端的距離就會縮小，有可能因此弄髒棉被的邊緣。

根據建築基準法，欄杆的高度應在1.1m以上。至於棉被的尺寸（長邊），目前多為2m左右。

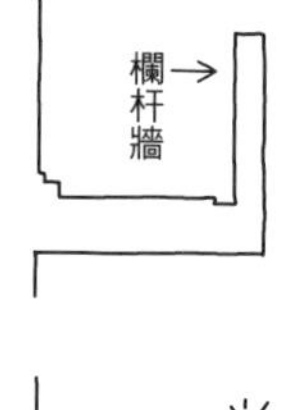


**✕ 無欄杆**

順帶一提，沒有欄杆的陽台因為欄杆牆厚度的關係，無法使用棉被夾。

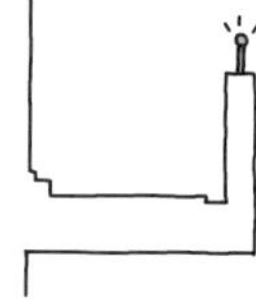

**○ 有欄杆**

牆上必定有欄杆，可以將棉被牢牢夾在上面。

### 屋簷長度如果不夠…

屋簷長度也是需要注意的地方。如果屋簷長度太短，洗好的衣服很可能會被突如其來的雨水淋濕。因此…

### 屋簷長度最少要有1m

使用固定於牆面的曬衣工具時，只要雨水不是從側面打來，這個長度可有效防止衣物被淋濕。

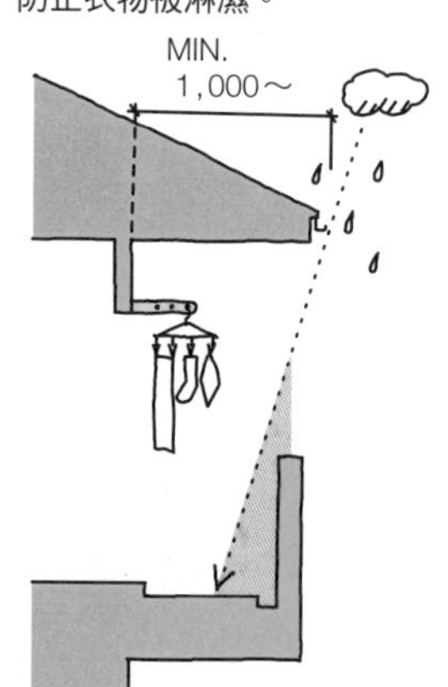


### 後退550㎜以上

只要曬衣桿位置，從屋簷前端朝室內後退550㎜以上就沒問題。

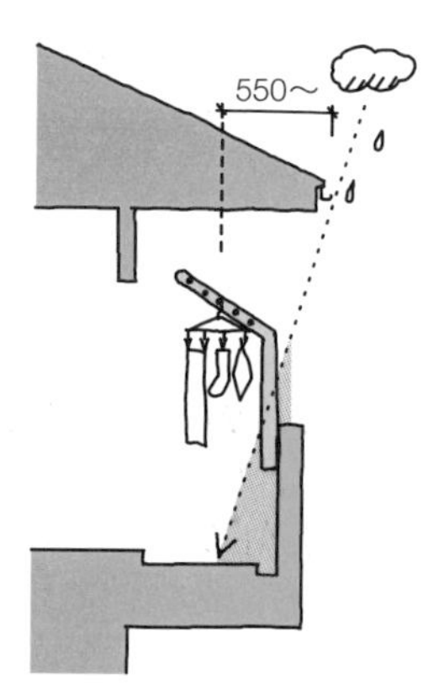

## 問題在於收進來之後

當洗好的衣服都曬乾之後，幾乎沒有人會馬上就把衣服收進櫃子裡，而是會暫置在房間的某處。你家是擺在哪裡呢？

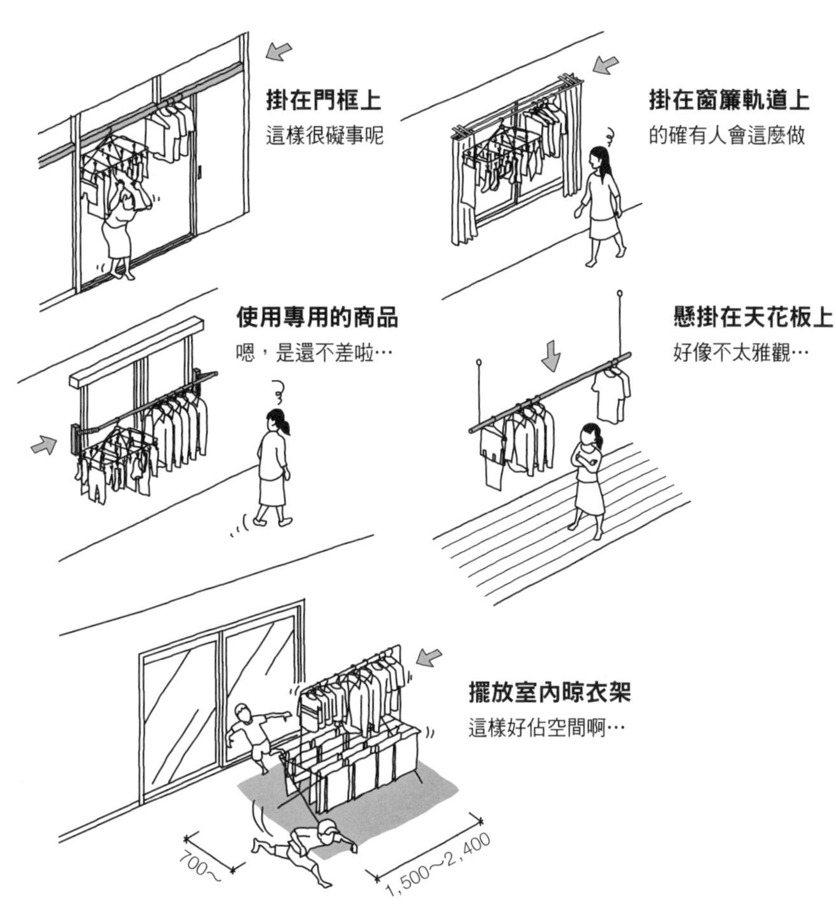


### 注意到時，床上已是堆積如山

無論如何，把衣物掛在室內實在不太雅觀，當然堆在床或沙發上也是一樣。看到衣物堆積如山的情景，只會讓人腦中浮現「雜亂」二字。

## 稍微加大面積，設置室內晾衣場

無論乾了或還沒乾，人們都會將洗好的衣物暫時掛在屋內。既然如此，不如一開始就在室內準備吊掛衣物的地方。再加上近來有不少人為避免花粉和廢氣，不願將衣物晾在室外，因此這個方法可謂一石二鳥。

**稍微加大盥洗、更衣間**

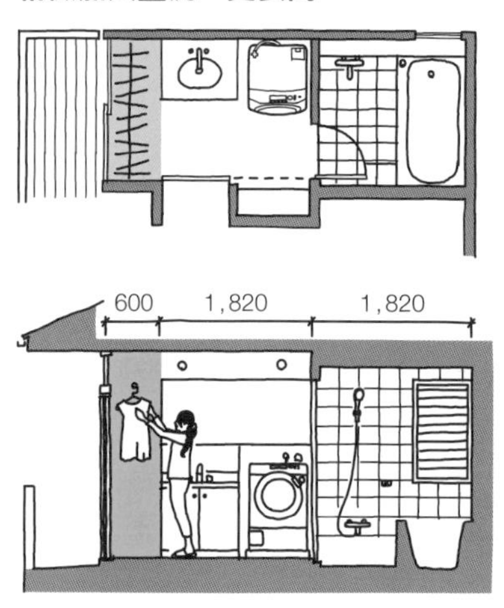


不少人會在晚上洗衣服，但「不想等到早上才晾」。如果盥洗、更衣間裡有晾衣場，就能達成這個願望了。

**稍微加大寢室**

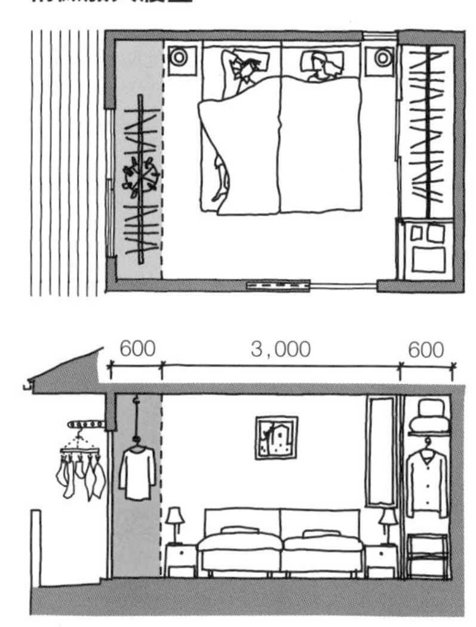


雖然很少人會從「設置室內晾衣場」的角度去考量寢室的大小，不過有了這個空間真的會方便許多。不但能將收好的衣物放在床上摺疊，也能直接收進寢室的衣櫥裡。

**600㎜就能有所改變**

只要將盥洗、更衣間或寢室的牆面加大600㎜，就能「美觀地」吊掛洗好的衣物。

## 直線動線！

室內的晾衣空間只要依照「脫衣→洗衣→室內晾衣場」的順序直線相連，動線就會非常流暢有效率。

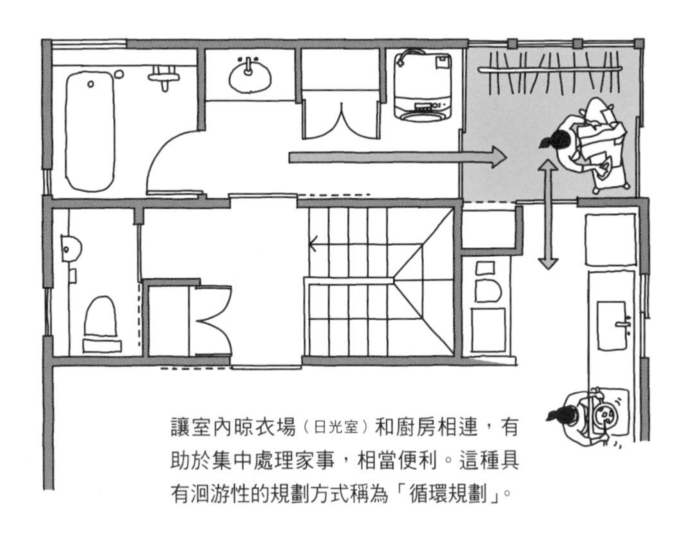

讓室內晾衣場（日光室）和廚房相連，有助於集中處理家事，相當便利。這種具有洄游性的規劃方式稱為「循環規劃」。

**對了，以前還有緣廊**

室內晾衣場固然重要，不過仔細想想，從前的緣廊其實也扮演著相同的角色。

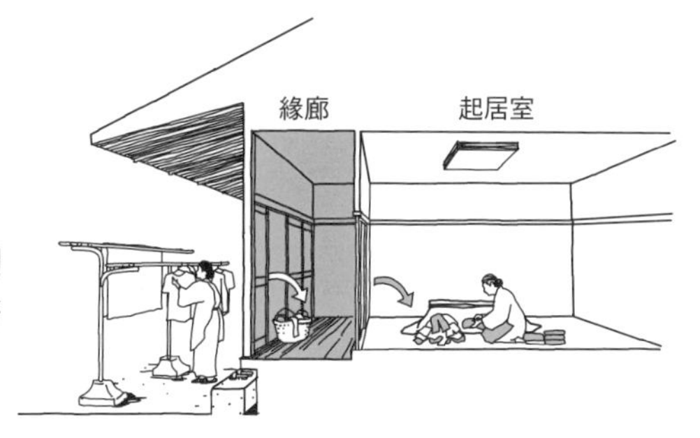


在室外晾衣→收到緣廊→在起居室摺疊。緣廊巧妙地讓洗衣服這件事變得順利許多。

**所以結論就是…**

**室內也要有能夠吊掛衣物的地方。**

# 「買衣櫃」是致命的決定。

無論追不追求時尚，每個人都難逃衣服這種東西只會增加、不會減少的棘手魔力。「衣服只要當季一次都沒穿過就要扔掉」「買一件就要丟一件」。市面上教人如何收納的書籍裡，確實寫了許多令人獲益良多的建議。然而這些建議固然正確，卻很難在現實中落實，也因此我家的衣服又比一年前增加了一些。

增加的衣物要擺在哪裡呢？「勉強塞進櫃子裡」「擺在衣櫥的空位上」「假使還是放不下，那只好買新的收納盒了」。咦，只好買新的？請等一下，這個決定可能正是造成衣物凌亂的最大原因。

各位，該是時候試著打破「衣物增加→買新的收納盒」這個流程了。

## 以10年為週期產生變化

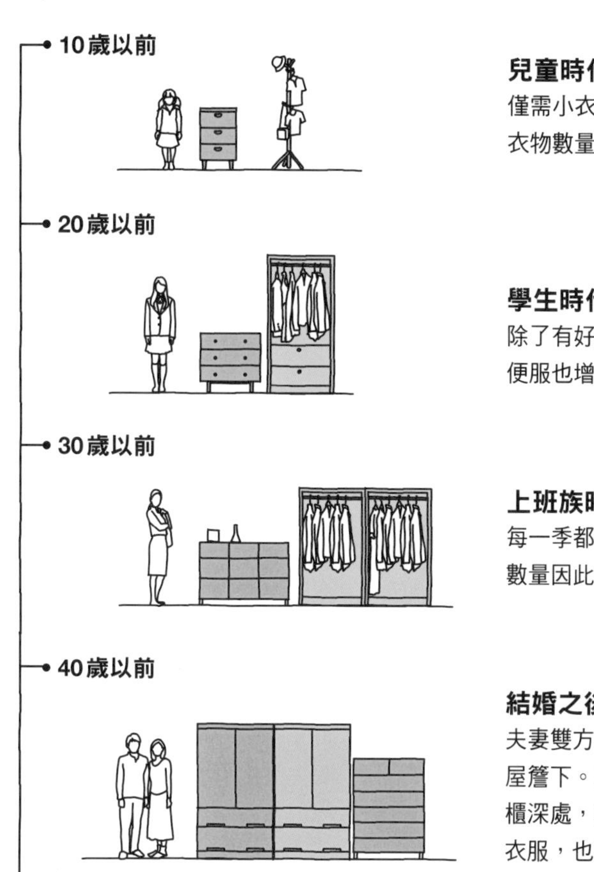


**兒童時代**

僅需小衣櫃和吊衣桿各一。衣物數量不佔空間。

**學生時代**

除了有好幾套學校制服，便服也增加了不少。

**上班族時代**

每一季都有許多上班服裝，數量因此大增。

**結婚之後…**

夫妻雙方的衣物都放在同一個屋簷下。成人式的和服藏在衣櫃深處，就連已經尺寸不合的衣服，也抱著「總有一天能穿上」的心態繼續存放。

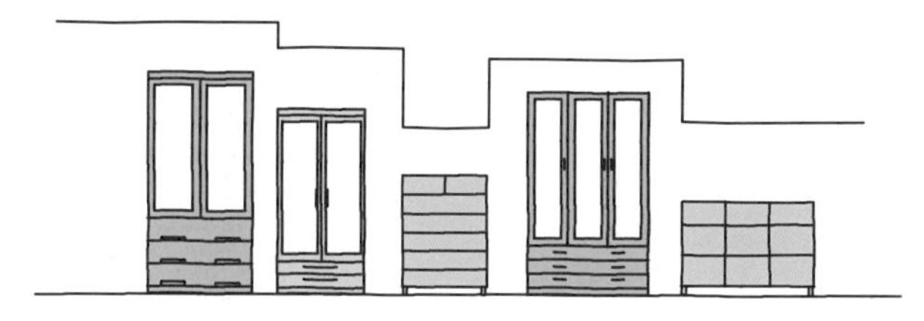

**各式各樣的家具不斷增加**

為因應需求而添購的衣櫃，無論大小或造型皆不相同。不只是收納量，就連外觀也令人不太滿意。

## 4人共需7m

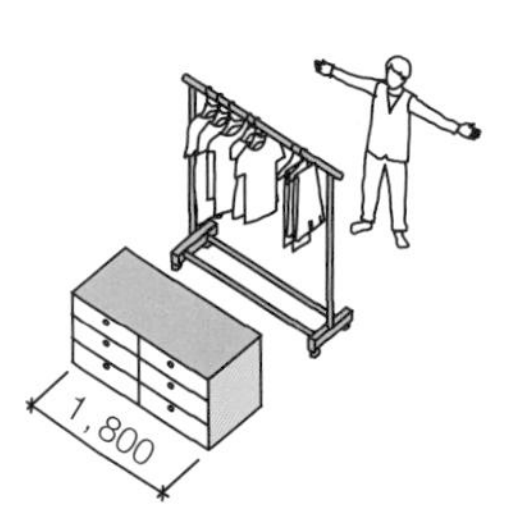


衣物收納所需的尺寸，是每人大約1間（1.8m）。如果是4人家庭，就則共需4間（7.2m）。

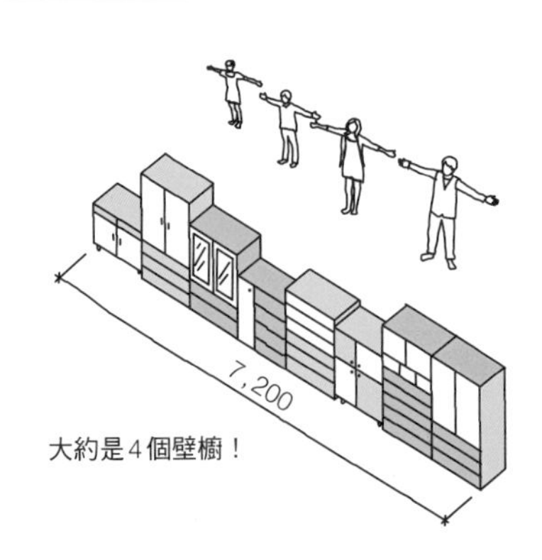


大約是4個壁櫥！

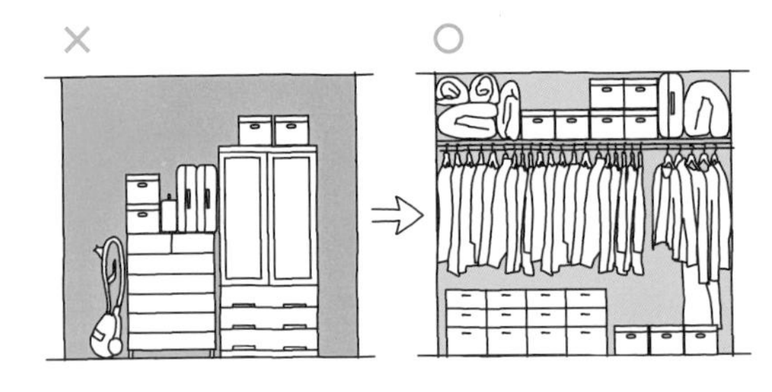


### 徹底利用上方空間

如果房子很大就無所謂，但一般住宅要擺放4人份的衣物收納櫃並不容易。為了不造成浪費，必須有效利用地板至天花板之間的空間。

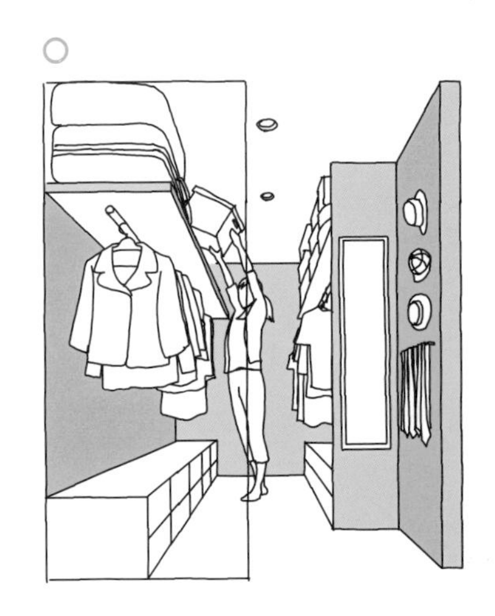


可利用上方空間的WIC

### 即便不是藝人也要有「衣帽間」

想要徹底利用上方空間，打造「衣帽間」也就是更衣室（WIC），會比擺設家具來得有利許多。雖然房間多少會變得比較狹窄，卻可大幅減少收納空間的浪費。

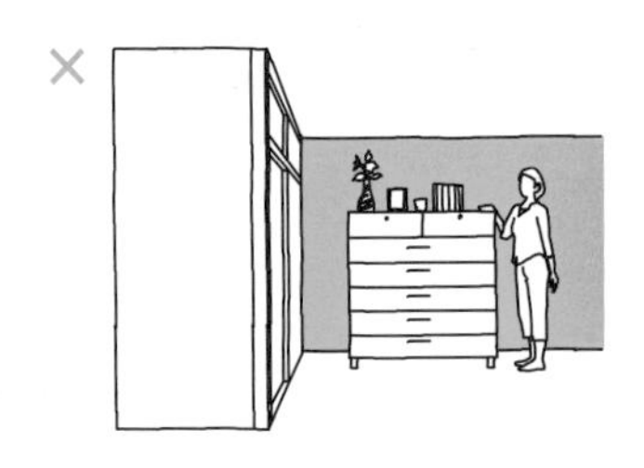


壁櫥＋斗櫃會製造過多的無效空間

## 將in改成through

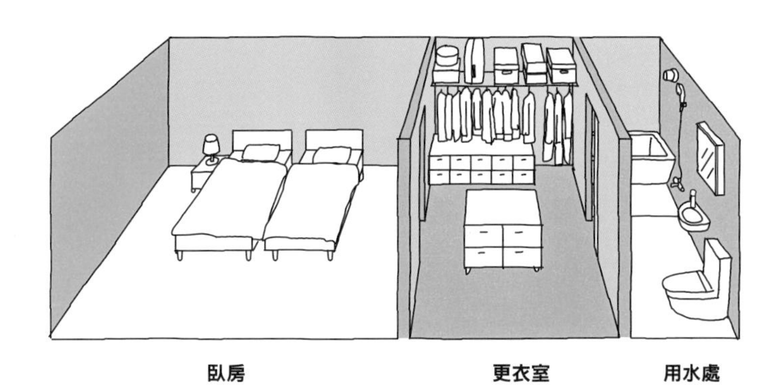


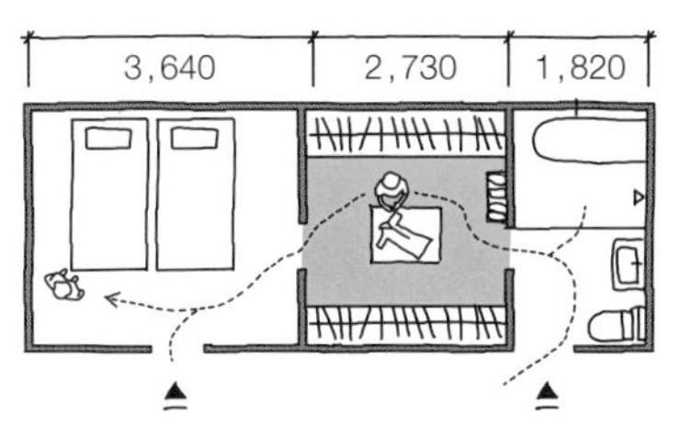


歐美的公寓大多
採用這種格局

### 打造walk through closet

能夠「walk in」也就是自由進出，是walk in closet更衣室的最大賣點。但只是進出實在太浪費這個空間了。既然要規劃，不如就讓人能夠穿越其中吧，這樣更能大幅提升衣物收納的機能性。

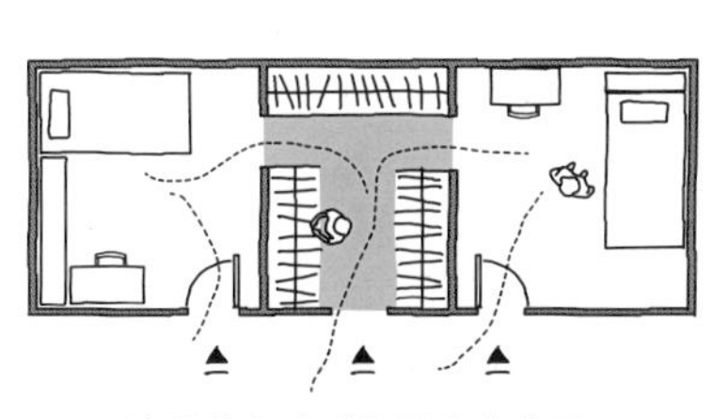

除了位處臥房與用水處之間，
walk through closet也可以位在
兩個房間中間。

**所以結論就是…**
**將衣物全部收納在小房間裡比較實用。**

# 布製品

## 見不得人的東西更應該攤在陽光下。

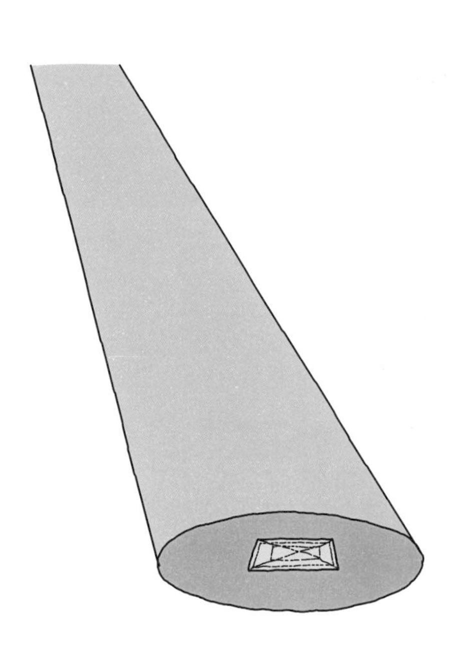

每翻開住宅雜誌，總會有許多設有美麗廚房的房子映入眼簾。我也好想設計成這種風格喔——對之後打算蓋新房子的主婦們來說，她們的夢想因一張照片而逐漸擴大，但是那張照片裡卻隱藏著一個巨大的謊言。

拿照片和你家比對一下吧，原本應該存在的擦桌布、抹布、擦手毛巾是不是都消失了呢？沒錯，雜誌編輯為了讓照片美觀，只留下顏色漂亮的隔熱手套，其餘則全都收起來了。

儘管布製品們上不了鏡頭，我們也不能對它們退避三舍，畢竟平常做事還是得碰水呀。也因為如此，我們更應該為它們找到明亮乾爽的固定棲身之處。

## 布製品社會的上下關係

布製品存在於廚房的各個角落。它們可依清潔程度分成4個階級。

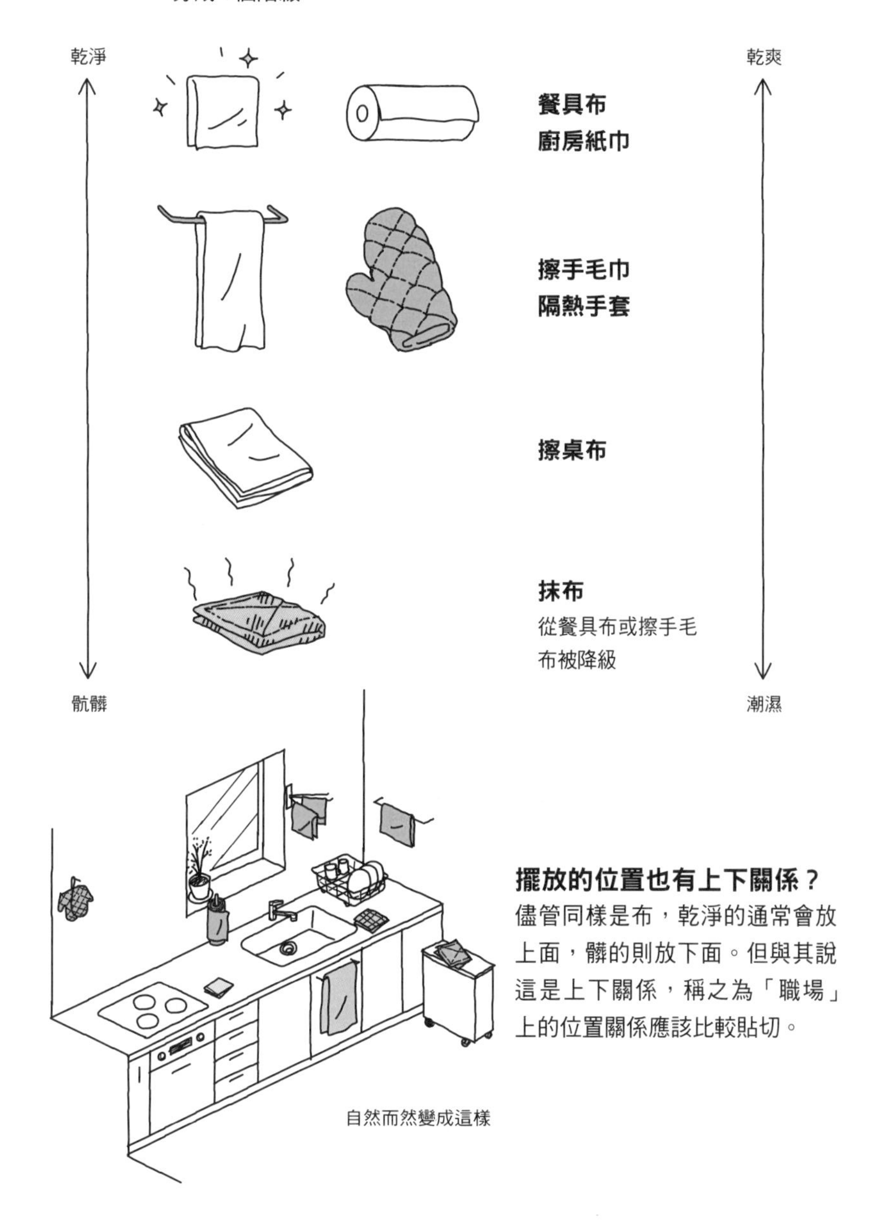


**擺放的位置也有上下關係？**
儘管同樣是布，乾淨的通常會放上面，髒的則放下面。但與其說這是上下關係，稱之為「職場」上的位置關係應該比較貼切。

自然而然變成這樣

## 基本原則就是「保持乾爽」

「隨時都想被晾起來，保持乾爽」這是所有廚房內的布製品的共同夢想。

清潔第一

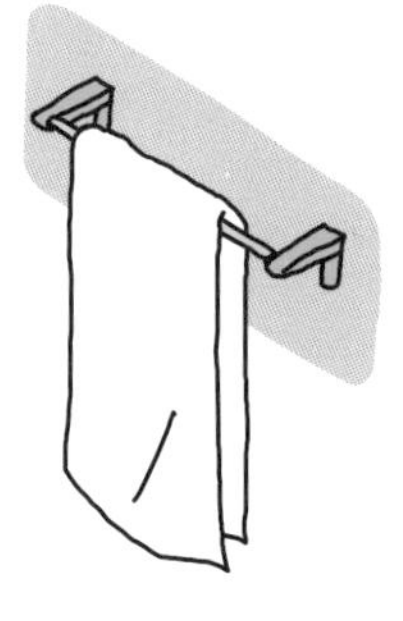

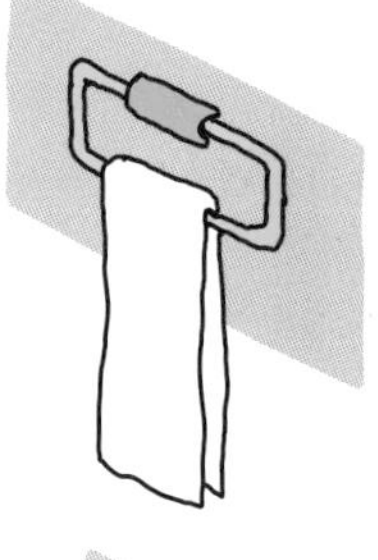

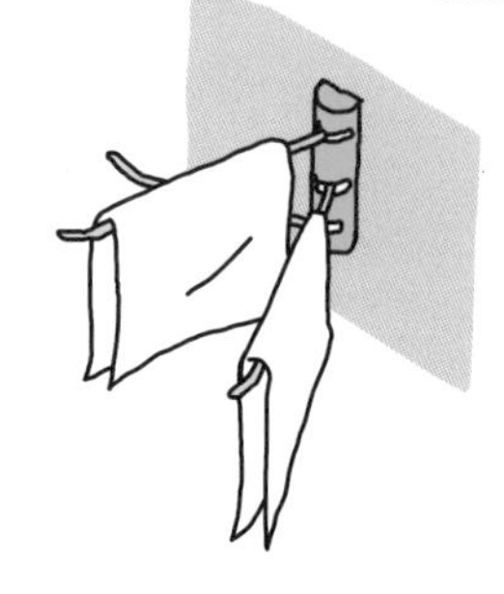

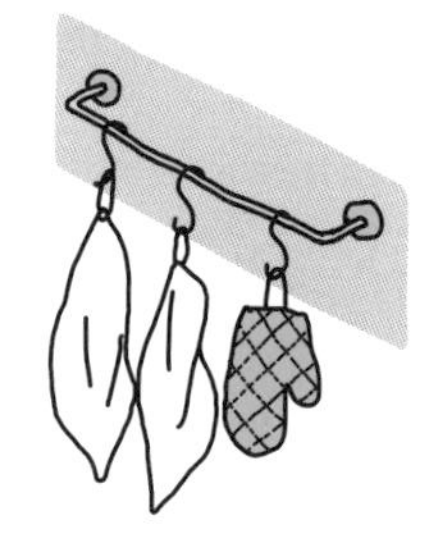

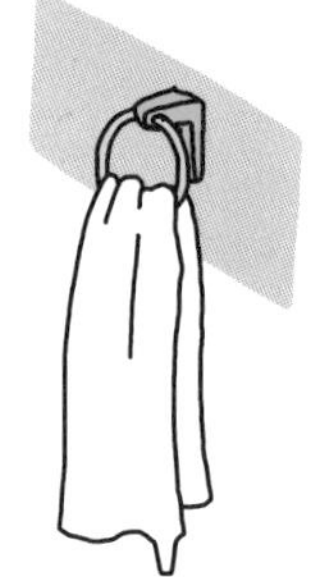

**掛在牆上最安心**

要晾乾布製品，掛的位置是最重要的。因此必須事先在廚房內保留能夠吊掛布製品的牆面。

**布製品與抽屜合不來**

在布製品之中，擦手毛巾從以前便經常被人們掛在流理台前。但是如果毛巾的後方是抽屜，關抽屜時就很容易會夾到毛巾，讓人感到不耐煩。

**✕ 令人不耐的原因**

**△ 雖然也有這種方法…**

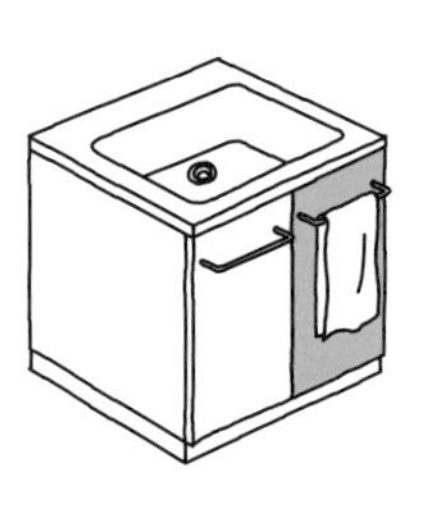

還是將毛巾掛在別的地方吧。雖然也可以將抽屜改成推開門，但抽屜整理起來還是比較容易。

## 浴巾很難晾起來

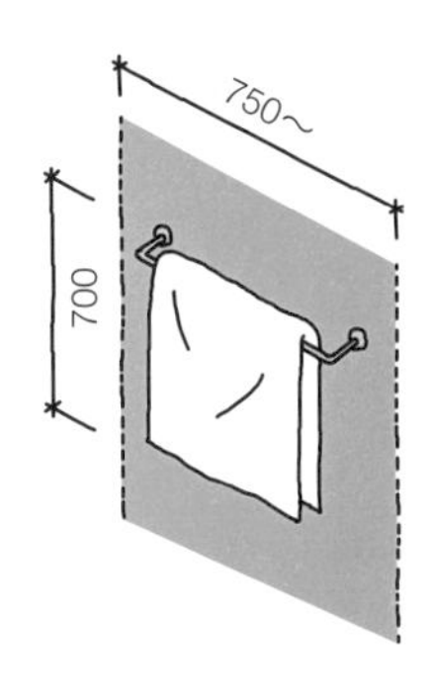


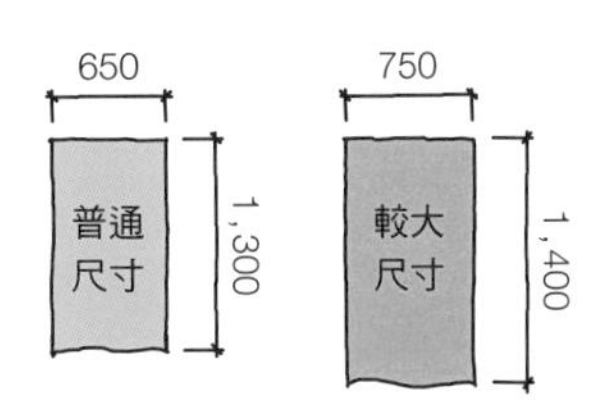


盥洗、更衣間裡也有許多布製品。比方說，若想把用完的浴巾晾起來隔天再用，更衣間的牆壁寬度至少要有750mm以上才行。

### 推開門會佔去牆面

但假使在盥洗、更衣間裡設置收納毛巾的空間，便會沒有多餘的牆面可以晾浴巾。於是…

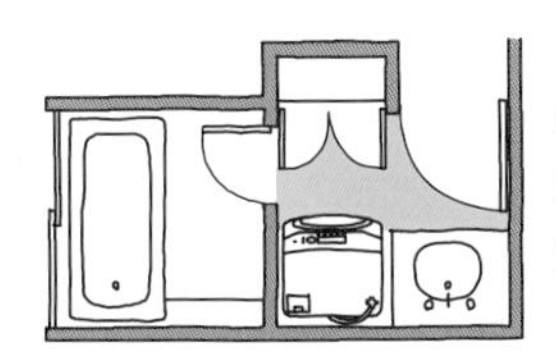

收納櫃的推開門讓牆面消失了！

拉門能夠製造大牆面

建議最好將收納櫃的門改成拉門。

### 如果要分開使用…

對於想要每個人分別使用各自的浴巾的家庭，我曾經想出這樣的方式。

在滾筒式洗衣機上方裝設三支吊桿

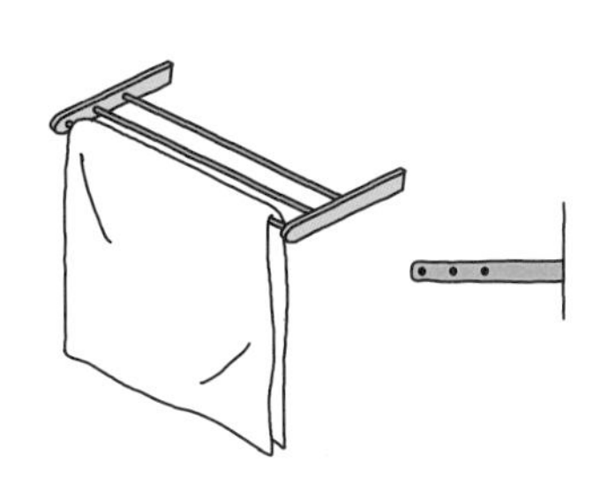

**所以結論就是…**
**製造能夠吊掛布製品的牆面。**

# 食物並非只會存活在冰箱裡。

介紹料理專家的文章中，經常會出現這樣的文字：「她十分擅長利用冰箱裡剩餘的食材，迅速做出美味的料理」⋯這應該不太可能吧？雖然我這話有點像在強詞奪理，不過料理的材料本來就不可能全都放在冰箱裡，也會散置在冰箱以外的地方。這才是一般廚房正常的樣子，不是嗎？

醬油和味醂等調味料，老家寄來的現摘蔬菜，整箱的罐裝啤酒，還有一個月份的米⋯這些「冰箱外」的食材，大多沒有在設計階段就決定好放置場所。一旦隨便找個空位擺放，之後就會漸漸搞不清楚什麼東西放在什麼地方了。

那麼，該怎麼辦呢？

## 冷酷的都會派、狂野的天然派

這些是沒被選上進入冰箱的食材。從外觀上可以大致分成冷酷的都會派和狂野的天然派。

**無處可去**

這些食材當然也需要收納的空間。

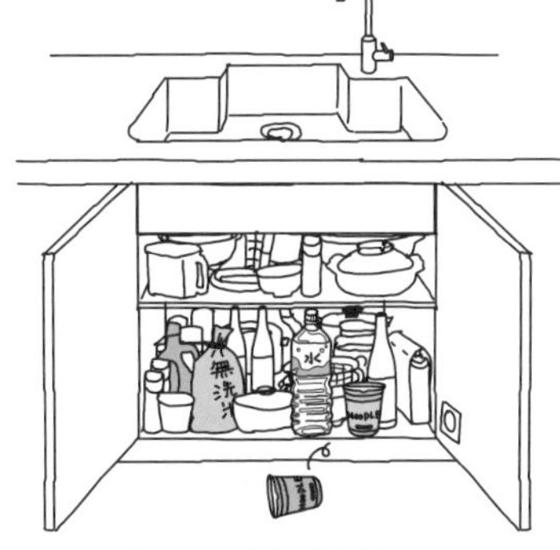
和清潔劑、除蟲劑等共處一室

然而在現實生活中，這些食材卻經常與類型相異的物品們一起被塞進狹小的空間裡。

## 準備一台冰箱的收納量

想要整齊有序地保存無法放入冰箱的食材，每戶家庭最好準備0.6㎥左右的空間。這個大小約與一台冰箱的容量相當。

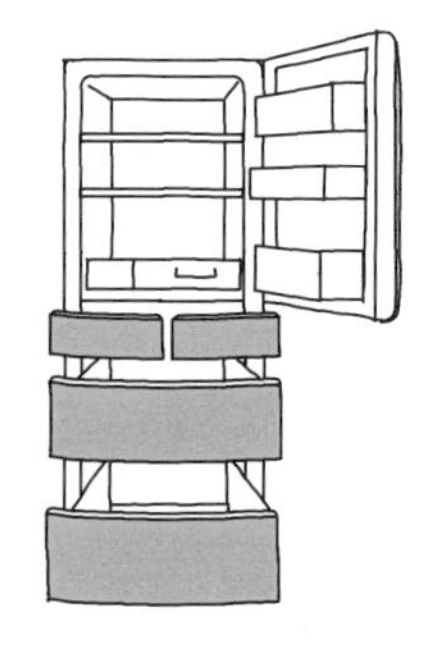

若連0.6㎥的空間也不夠放，可能就是家裡的存貨太多了。

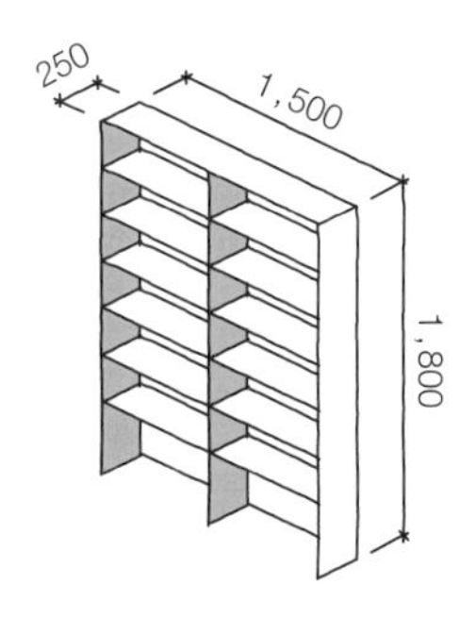


**重點是深度不要太深**

設置食材專用收納櫃，將物品集中保存於一處時，櫃子的深度必須在250㎜以上、360㎜以下。若深度超過這個標準，擺在後方的食材很容易就會被遺忘。

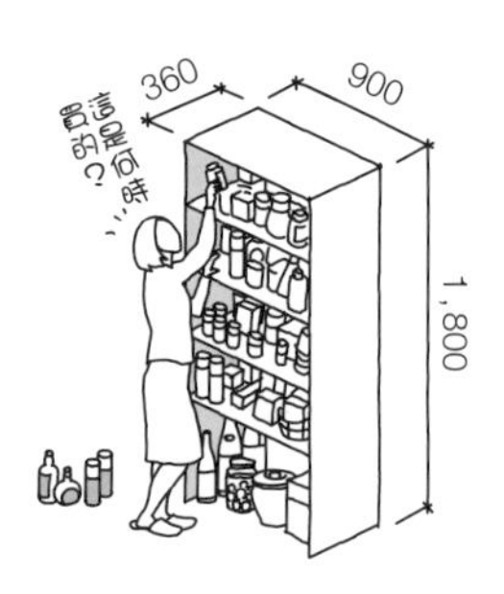


**利用家具（櫃）保存／盡頭型**

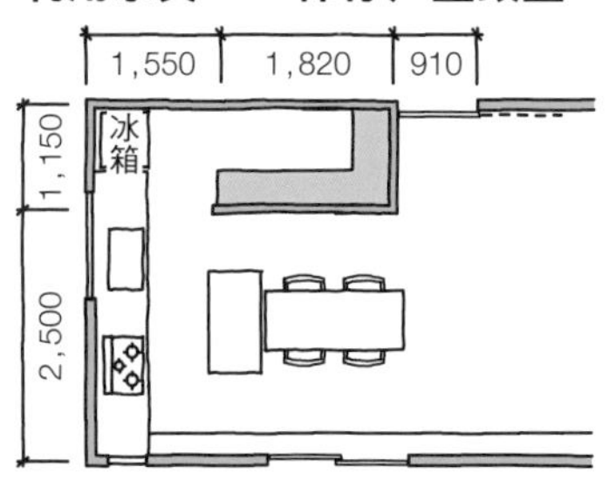


**利用儲藏室保存／通過型**

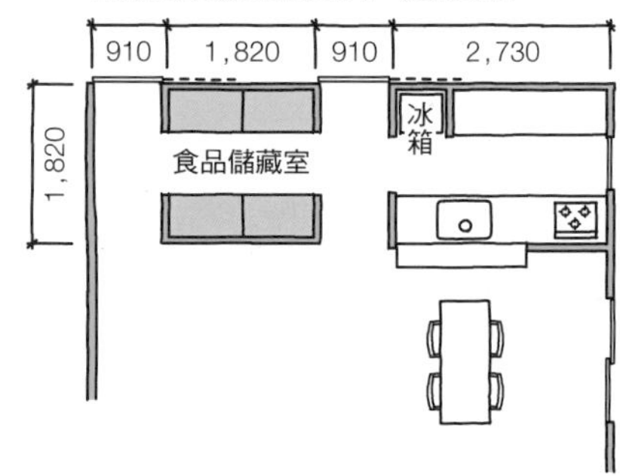


除了設置專用的家具（櫃），也可以在廚房旁設置小小的食品儲藏室，作為保存食材的空間。

# 天然派喜歡陰涼處

靠近北側玄關的儲藏室

每種食材都有其獨特的個性，其中格外需要照顧的是「天然派」。它們比較不耐暑氣，喜歡陰涼的小房間。夏天時若能將它們放在涼爽的北側，就一切妥當了。

**樓梯下方**

樓梯下方的空間因為在法律上被視為「loft（閣樓）」，故此處的高度最多不得超過1.4m。另外若是半地下化，就必須確實與四周隔熱，否則將容易產生結露。

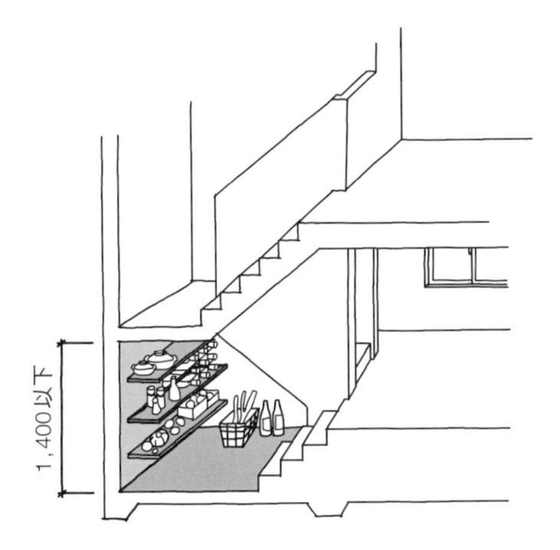


**不能放在有地板暖氣的房間裡**

天然派的食材當然不可以直接放在有地板暖氣的房間裡（這一點很容易忽略）。人們認為舒適的地方，對「天然」食材來說卻是致命的嚴酷環境。

**所以結論就是…**

食材最好盡量保存在陰涼處。

# 沙發

## 你家是不是也有一個賴著不走的大個子？

**在**客廳的陣勢是以電視為中心構成的現代，決心要與主角電視夫唱婦隨的是沙發。姑且不論那份決心的是非對錯，沙發這件家具實在相當棘手。因為沙發不僅非常佔空間，用處更是意外地少得可憐。如果是大房子裡的大客廳也就罷了，但若是被硬塞進狹窄的屋內，沙發恐怕只會成為製造壓迫感的罪魁禍首。

你是否也有這種經驗？在新居落成時購入了夢寐以求的三人座沙發，然而回過神，卻發現家人席地靠著沙發而坐呢？沒有人坐的沙發，就跟躺在那兒賴著不走的大個子一樣，完全派不上用場。讓它好好幹活吧，不然就請它快快離開這個家。

## 沙發比外表看起來更巨大

沙發會隨不同廠商、設計而有各式各樣的尺寸，但若想讓客廳保持乾淨清爽，光是掌握沙發的「寬度×深度」是不夠的。

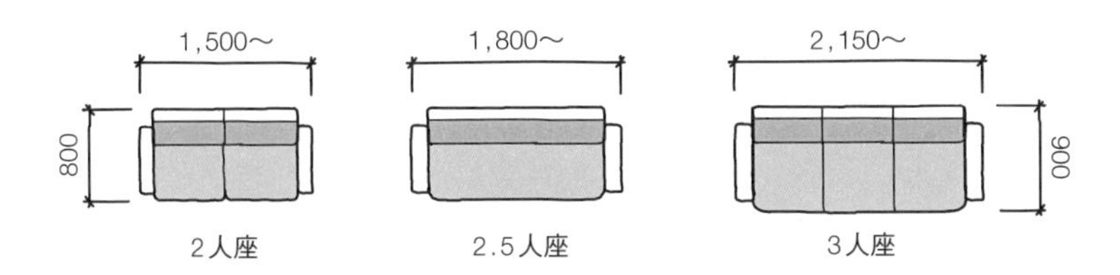


### 沙發四周必須要有空隙

沙發前方如果沒有300～500mm左右的空間，坐起來就會不舒服。可以的話，後方和旁邊最好也要保留空隙。

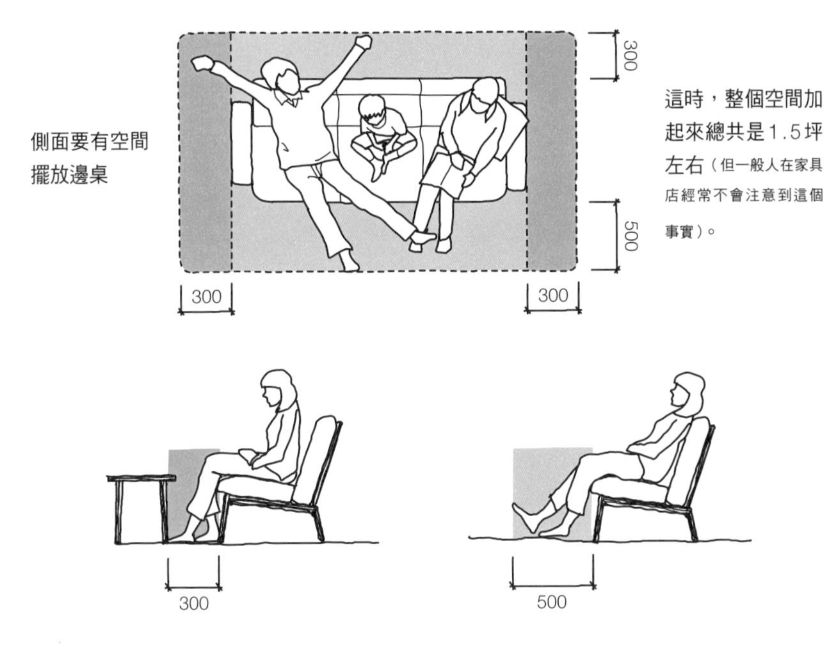


這時，整個空間加起來總共是1.5坪左右（但一般人在家具店經常不會注意到這個事實）。

### 假使要擺放桌子

300mm是在沙發前方擺放矮茶几時的最小尺寸。
500mm以上則可以自在地將腿伸長。

## 直播！客廳沙發的現況

那麼就讓我們來看看，客廳的沙發有沒有克盡沙發的職責吧。

**LOVE**

沙發原是人們濃情密意的小天地，卻在幾年後…

**DOG**

被狗狗佔據了。

**BED**

成了某人睡覺的地方。

（在沙發上睡覺其實也沒關係啦）

**LAUNDRY**

洗好的衣物堆積如山。

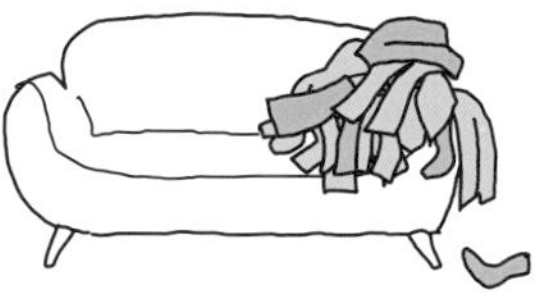

### 只有剛買來時會全家一起坐？

即便正確地使用沙發，也只有在孩子還小時能夠全家人和樂融融地坐在一起。隨著孩子逐漸長大，一起坐在沙發上的機會將越來越少。

全家和樂融融

原本是三人座…

反抗期

後來卻不再一起坐了。

儘管是一家人，彼此的距離感仍會隨年齡增長而改變。

## 「會客沙發」已不符所需

過去，沙發一般都是擺在會客室裡（最重要的出場時機，是學校老師來家庭訪問時！？）。但儘管如今沙發的主戰場已經變成客廳，卻似乎還有許多家庭會在客廳裡擺放「接待用」的沙發組。

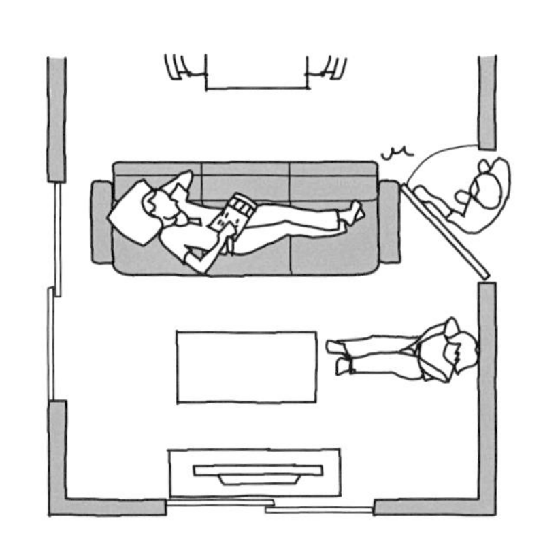

**與其擺放大型沙發…**

那種擺在會客室裡的大型沙發，不但佔空間更無法因應需求隨機運用。

**小型沙發較具機能性**

擺放2張單人座的沙發，會比擺放大型沙發來得舒適方便許多。

**所以結論就是…**

**如果客廳不是很寬敞，選擇小型沙發才是明智的抉擇。**

# 鋼琴

## 至今仍為解散後的容身之處煩惱。

無論偶像還是搖滾樂團，熱門團體一旦解散，成員們之後的去向總是備受矚目。是繼續當歌手、成為演員，還是到地方電視台上綜藝節目…在決定出路之前，必須徹底了解每位成員的個性，再慎重地加以判斷。

在過去，鋼琴、沙發、百科全書這三者曾被視為「昭和會客室三人組」，受到極大的歡迎。後來隨著會客室的消失，三人組解散了，沙發和百科全書的活動舞台分別轉移到客廳和電腦裡，就只有鋼琴至今仍沒有一個固定的容身之處。客廳好像可以，小孩房似乎也不錯，還是要放走廊的角落呢…嗯~無論哪個地方都差強人意。

各位，是時候為令人苦惱的鋼琴決定落腳處了。

## 鋼琴30年周期理論

有不少家庭原本還信誓旦旦地聲明「我們家才不會買鋼琴呢」，結果家裡卻在不知不覺間多了一台琴。

**家與鋼琴的30年**

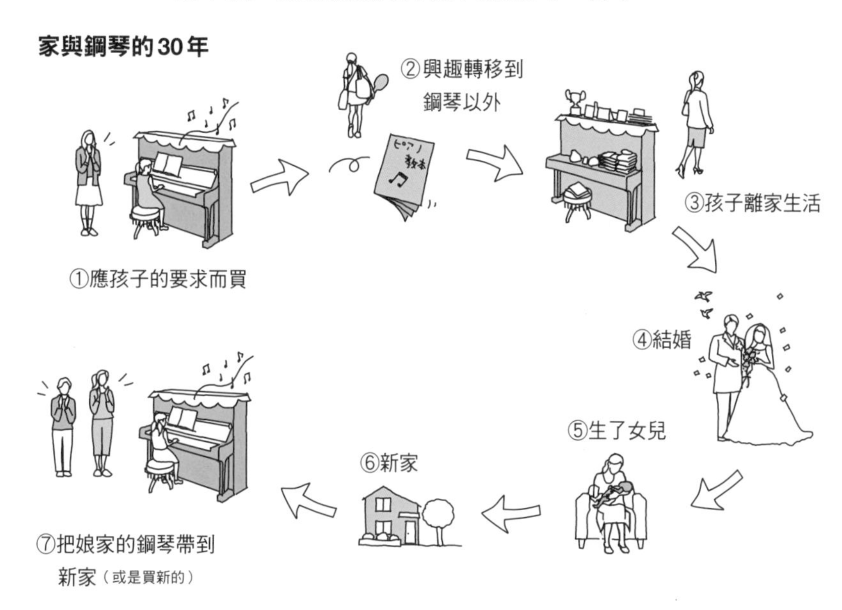


整個過程一次歷時約30年。鋼琴每隔30年，便會重新成為一家的話題中心。

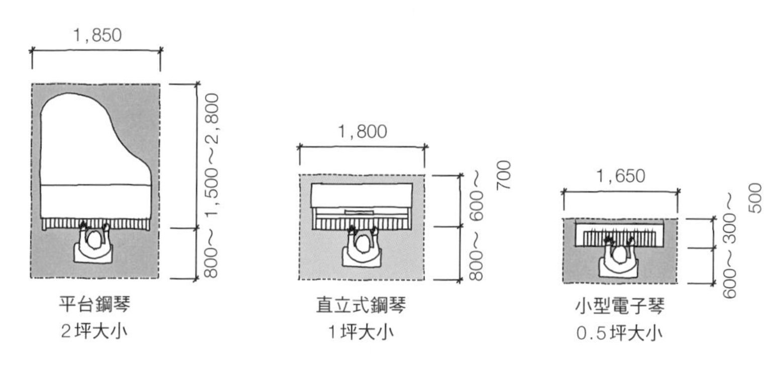


### 沒有空間

鋼琴是很佔空間的樂器，就連小型的電子琴也需要0.5坪的大小。即便突然有「想買鋼琴」的需要，也很難立刻找到適當的擺放位置。

## 放小孩房是行不通的

要練琴的人是小孩。雖然將鋼琴放小孩房，看似是最好的方式，實際上卻是行不通的。

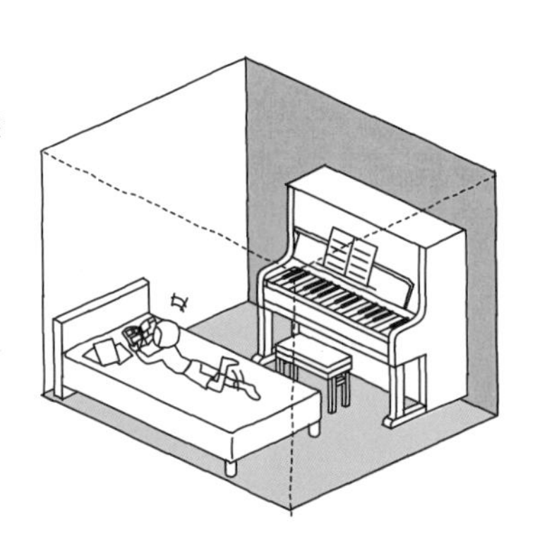

一個人練琴太無聊，
於是就會偷懶看漫畫

鋼琴是一種在一定程度的公開場合下接受家人讚美，彈起來會更快樂的樂器。

### 電子琴也有聲音的問題

因為電子琴也是鋼琴，所以無論放在哪裡，都會產生「聲音很吵」的問題。

鋼琴一旦貼牆，
音色就會改變，
所以必須間隔
100mm以上。

即使帶著耳機彈電子琴也無法令人安心。因為手敲鍵盤、腳踩踏板的聲音，都跟琴聲一樣擾人。

## 假使要在某處製造「空地」

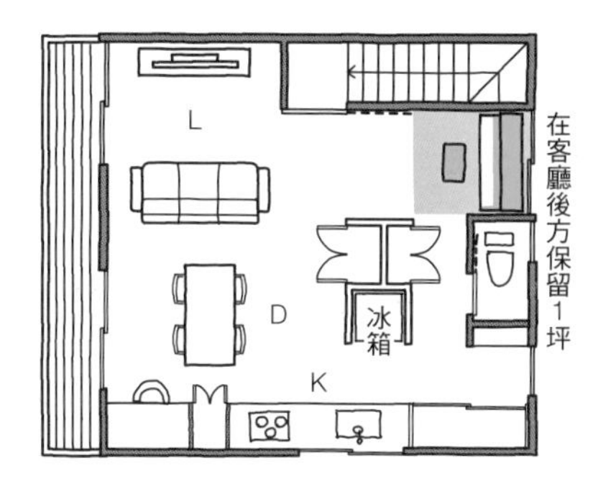


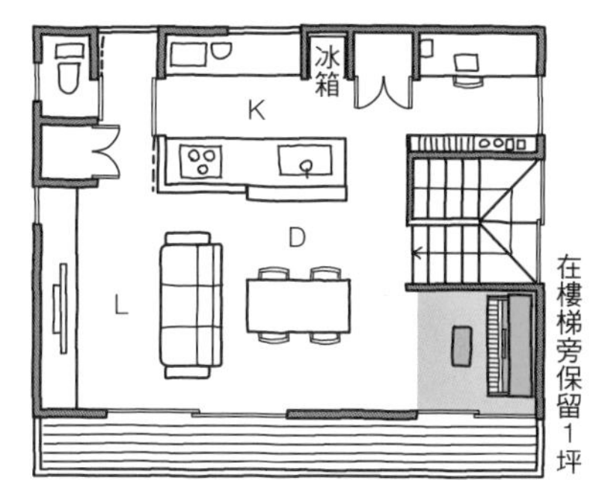


鋼琴擺這裡就對了！我雖然很想這麼說，但是很抱歉，實際上無論放哪裡都有其優缺點。

但可以肯定的一點是，在蓋新房子（或是翻修）時，最好能在某處事先預留1坪以上的空間，以便之後能夠放心地運用這塊「空地」。

**如果真的沒有買…**

假如你真的沒有買鋼琴，不如就在那塊空地擺張按摩椅吧。什麼？你連按摩椅也不買？

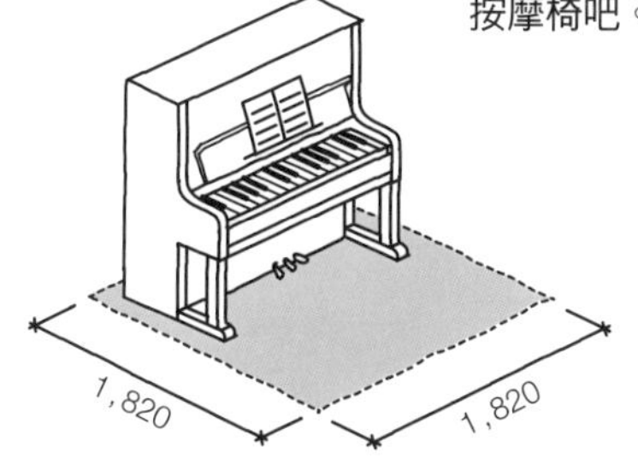


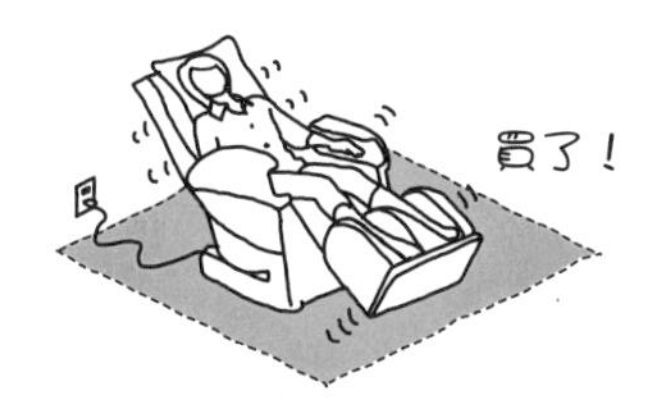


**所以結論就是…**

**只要預留1坪左右的空地，之後便能安心地自由運用。**

話可別說得太早，按摩椅可是位居「本來不想買，卻還是不小心買了的東西」的第1名哩（我向客戶調查的結果）

# 比起神明，佛像和牌位更難處置。

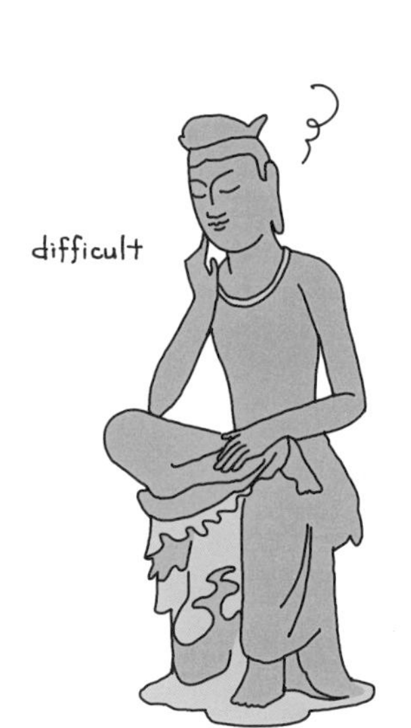


也許是死亡這件事不夠貼近日常生活，又或許是核心家庭已成為常態的關係，近來客戶在與我商討設計案時，很少人會找我商量「佛壇應該設在哪裡？」的問題。儘管如此，要是設計時完全不去思考佛壇的擺設位置，在即將完成之際被問到「我想設置佛壇……」「神龕應該設在哪裡好呢？」，可是會手足無措的（我本人就有這樣的經驗）。

人終有一死，就連心愛的寵物也不例外。要是等到訣別的時刻才開始思考「哪裡可以設置佛壇？」，那就傷腦筋了。固定於牆面上方的神龕倒還好，但佛壇卻意外地佔空間，而且也必須保留可以鋪坐墊就座的位置。沒有神明那麼好處置，正是佛像和牌位的棘手之處。

## 有不能設置的地方嗎？

**神龕的規定**

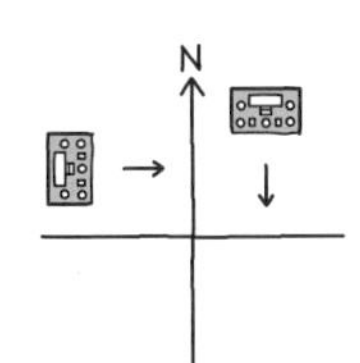


・設在天花板附近
・面南或面東
・明亮乾淨的地方

**佛壇的規定**

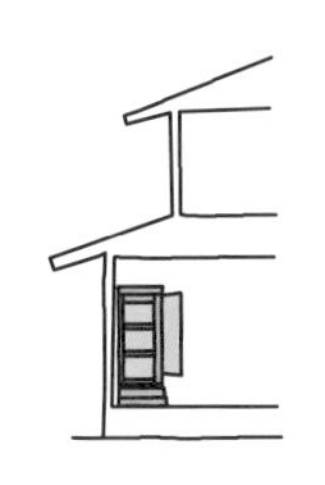

・不能面北（基本上會面東）
・上方不能擺放東西。如果做不到，就要在天花板上貼寫了「雲」「空」的紙張（神龕也一樣）

**對立關係**

✕

**上下關係**

✕

**對立關係與上下關係是禁忌**

神龕和佛壇的擺設位置絕對不可相對，上下排列也NG。不過反過來說，最主要的禁忌也只有這兩項。其實只要遵守基本規定，是不可能觸犯禁忌的。

這些規定僅供參考。每個地區和宗教的規定各不相同，請務必自行確認當地的習俗。

## 設置神龕的要點

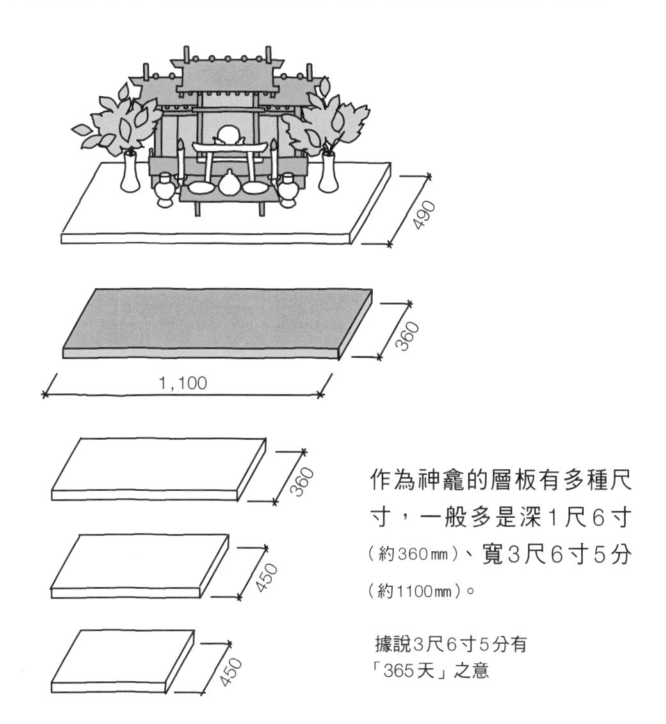


作為神龕的層板有多種尺寸，一般多是深1尺6寸（約360㎜）、寬3尺6寸5分（約1100㎜）。

據說3尺6寸5分有「365天」之意

### 位置要在視線之上

根據一般常識，神龕應該設置在比視線高的位置，但也要注意位置不可太高，以免拿不到供品。

### 不可通過下方

絕對不可從神明下方鑽過去。

## 設置佛壇的位置

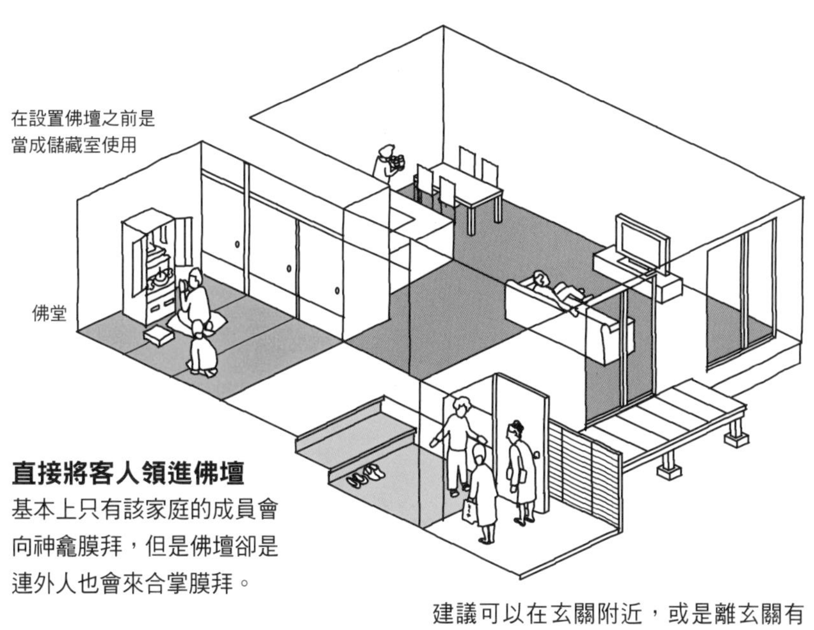


### 直接將客人領進佛壇

基本上只有該家庭的成員會向神龕膜拜，但是佛壇卻是連外人也會來合掌膜拜。

建議可以在玄關附近，或是離玄關有段距離卻不需穿越其他房間的地方設置佛堂。

火災警報器大作

利用抽風機排除煙霧

也可以選擇使用煙霧較少的線香

### 控制煙霧的方向

在思考佛壇的擺設地點時，也必須考慮應該如何處理線香冒出的煙霧。如果是在客廳一隅擺設佛壇，最好事先安裝小型的抽風機。

**所以結論就是…**

**姑且不提神龕，佛壇是將來一定會用到的必需品，請先決定好擺設位置。**

COLUMN

3

# 名作住宅的收納機能

剛踏入住宅設計這個行業沒多久，當年還只有20多歲的我，有幸有機會造訪位於美國賓州的「費雪之家」（1967年）。只要是略懂住宅的人都知道，這是建築師路易斯康（1901～74）所設計的名作住宅之一。

在被稱為名作的住宅之中，有不少建築物早已成為無人居住的博物館。但當時的費雪之家裡，卻還住著身為內科醫生的費雪夫婦，以及他們兩個還在就讀大學的兒子。費雪一家是親日派，愛車還是SUBARU的四輪驅動車。費雪家的土地四周是一望無際的森林，而像別墅般被豐富大自然環抱的兩個鋪了杉板的方形箱子，就是費雪之家所有的建築。他們一家在那個箱子內部過著什麼樣的生活——「調查」無法從雜誌上刊登的照片和設計圖得知的實際情形，是那一趟美國之行的最高潮。

那幢只是將同樣大小的立方體以45°錯置排列的住宅，其中一個箱子裝的是公用的ＬＤＫ，另一個則是獨立的房間群。內部構造雖極其簡單，但從平面圖來看，玄關附近有衣櫥，各房間裡也有收納空間，似乎確實保留了最低所需的收納量。話雖如此，這樣的設計還是令人不禁懷疑是否真的滿足了所有生活所需的機能。因為室內既無擺放洗衣機的地方，也沒有寬敞的儲藏室。儘管照片中的費雪一家看似過著時髦的生

活，然而從住宅的實用性來看，這或許是個「失敗之作」──

傍晚時分，我在費雪夫婦親切有禮的接待下，進入要在玄關脫鞋的日式室內。一進屋內，那與設計圖一模一樣的空間結構，立刻讓我有「這裡果然是費雪之家」的感覺。室內的每個角落都相當舒適，完全可以感受到他們一家在此過著與名作之名相稱的高尚生活。後來，我不經意瞥見廚房旁有一座通往地下室的樓梯。這一點著實令我有些驚訝，因為我看過好幾次這棟房子的平面圖，卻從未見到圖上有地下室。走下階梯後我更驚訝了，我見到一名身材臃腫的黑人女子坐在折疊椅上吞雲吐霧，而且在她四周的全是洗衣機、食品庫、儲藏室這些「應該有卻不見蹤影的東西」。不僅如此，地下室的一隅還存放著用來更換建築物損傷部分的木板，就連必要時可以進行木板加工的工作室也一應俱全。沒想到費雪之家竟是將大部分生活所需的家事機能、收納機能集中在地下室，並且由專屬的幫傭負責照料一切。原來如此，難怪地面樓層能夠保持隨時皆可讓人拍照的「正式」狀態了。

「我家的特色是使用美麗的絲柏作為外牆，大約4～5年就要重鋪一次板子」費雪先生如此說道。竣工已久卻依舊完好如新的外牆，全是靠住戶不懈的努力與專用的地下室來維持。

儘管如此，我在20多歲時翻遍的每一本雜誌，卻都沒有提到費雪之家有地下室這件事。也許是編輯認為「名作不需要收納機能」就擅自刪除了吧。

# 打造一個盛大的舞台！

**盛**夏之際，螞蟻群斜視著只顧玩耍的蟋蟀，辛勤地儲備糧食。牠們努力蒐集食物是為寒冷的冬天做準備。

另一方面，雖然需求不如螞蟻那般迫切，但我們人類似乎也是會本能地喜歡「收集」的生物。只不過近來人們的收集欲望是傾注在其他方面，而不是食物，其中又以男性的「○○收集」居多。有人收集一本價值數萬圓的稀有珍本，也有人專門收集飲料瓶蓋上附的玩具公仔。

蓋新房或翻修時，思考如何處理這些收藏品是絕對必要的。如果只是收起來，其實非常簡單，但既然都費心收集了，何不為它們準備展示用的舞台呢？讓我們一起思考如何打造一個美麗盛大的舞台，讓在一旁皺眉的太太也能接受吧。

# 玩具收集癖

## 不被妻子理解

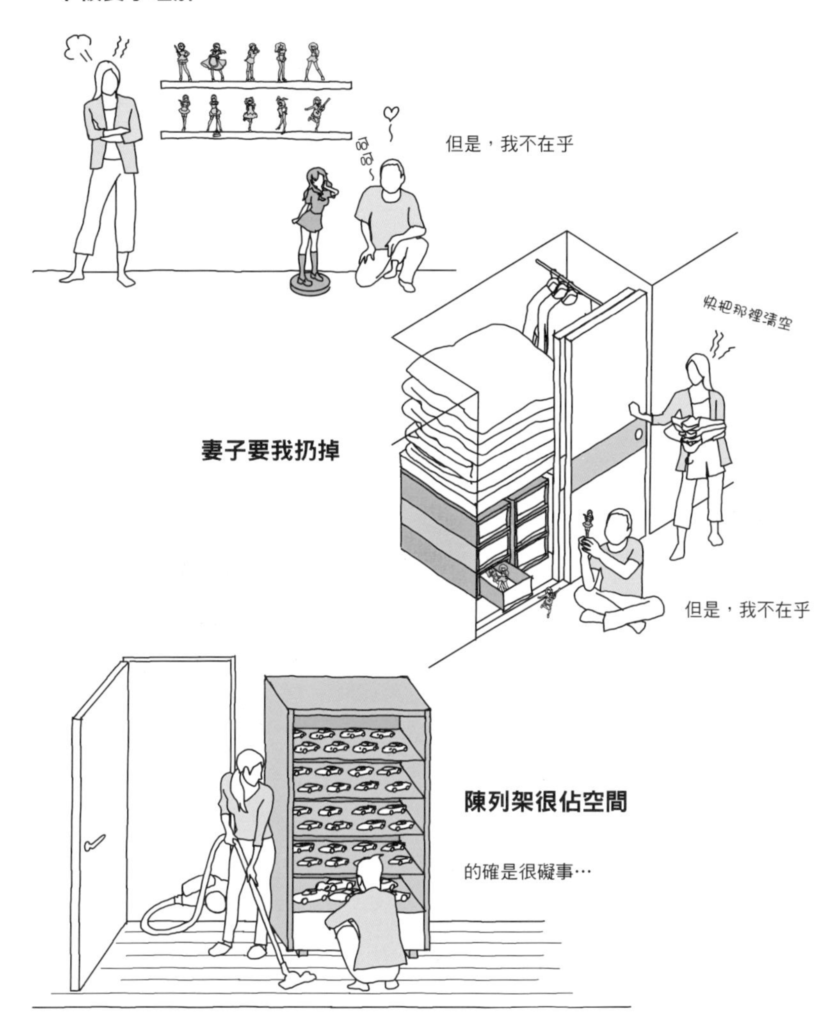


人會收集各式各樣的東西，像是玩具公仔、骨董壺、盤子、繪畫、照片、吉他、漫畫、郵票、錢幣、獎杯、象牙、龜殼標本、鹿頭等等，種類不勝枚舉。但只要數量增加，無論何種收藏品都會發生類似的問題。

## 置於視線前方

苦心收集來的東西請收拾整齊，讓客人也能欣賞到你的收藏成果！這時最重要的就是讓陳列高度自然地與視線等高。

**視線的高度**

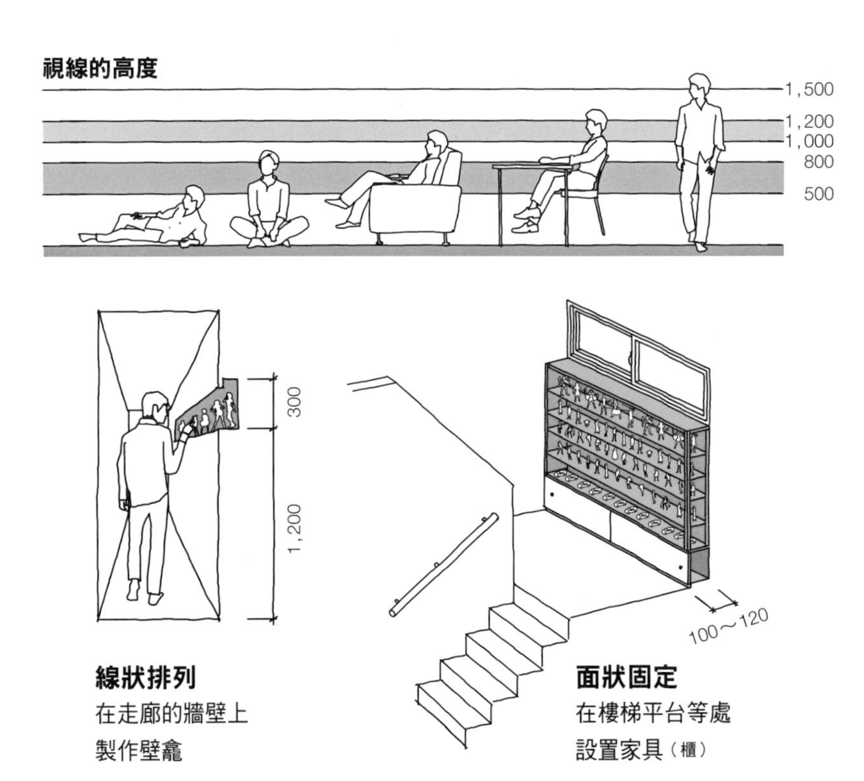


**線狀排列**

在走廊的牆壁上
製作壁龕

**面狀固定**

在樓梯平台等處
設置家具（櫃）

如果要展示收藏品，比起玄關或日式壁龕這類前舞台，選擇走廊、階梯這類不顯眼的後台比較合適。無論線狀或面狀，都能呈現出不同的印象。

## 讓所有收藏都成為主角

收藏品的收納與單純的整理最大的不同之處，在於陳列架上的物品「皆是主角」。而主角不可或缺的正是最前排的位置和閃閃發光的聚光燈！

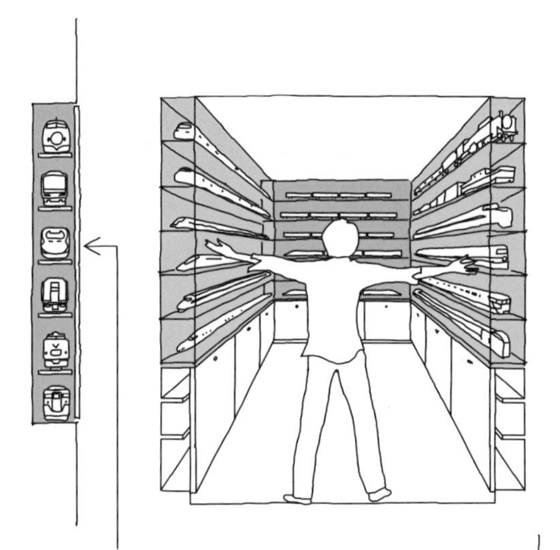

**不要有第2排**

因為所有收藏品都是主角，所以陳列架的空間只要能擺放一排即可。

裝上玻璃門，以免灰塵堆積

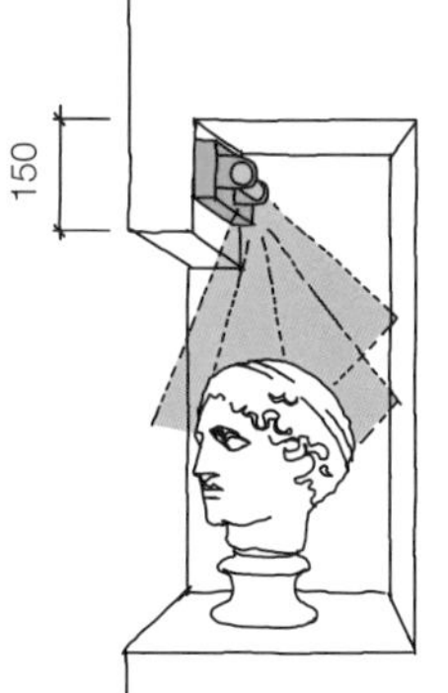


**打上光線**

有些人是只要經常獲得注目就會光彩日增，但收藏品卻是不閃閃發光就不會被人注意。

有些物品會因照明燈光而褪色，要特別留意。建議使用LED比較好。

**所以結論就是…**

**處理收藏品時，要兼顧「收納」和「展示」。**

# 腳踏車

## 飯碗和車子都是一人一個。

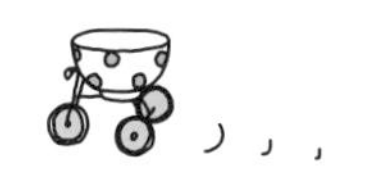

**你**每天使用的飯碗是你專用的嗎？我想應該是專用的吧。正值發育期的孩子用的是較大的碗公尺寸，減肥中的媽媽則是用小一點的S尺寸。因應食量和對圖案的喜好，每個人使用的飯碗大致上都是固定的。

同樣的，腳踏車基本上也是一人1台。如果你對此感到懷疑，那就來數數看吧。小寶寶的嬰兒車，老奶奶的助行車……只要算算有輪子的用品，就會發現其實每個人都擁有一台移動工具，但是卻很少人會在設計階段，將全家人的「車子」收納場所確實地規劃進去。沒有腳踏車停放處的住家，就像沒有餐具櫃的廚房。不只是都市的狹小地區，土地廣大的鄉下也常忘了規劃這個部分。

## 全家的人數＝有輪子的交通工具的數量

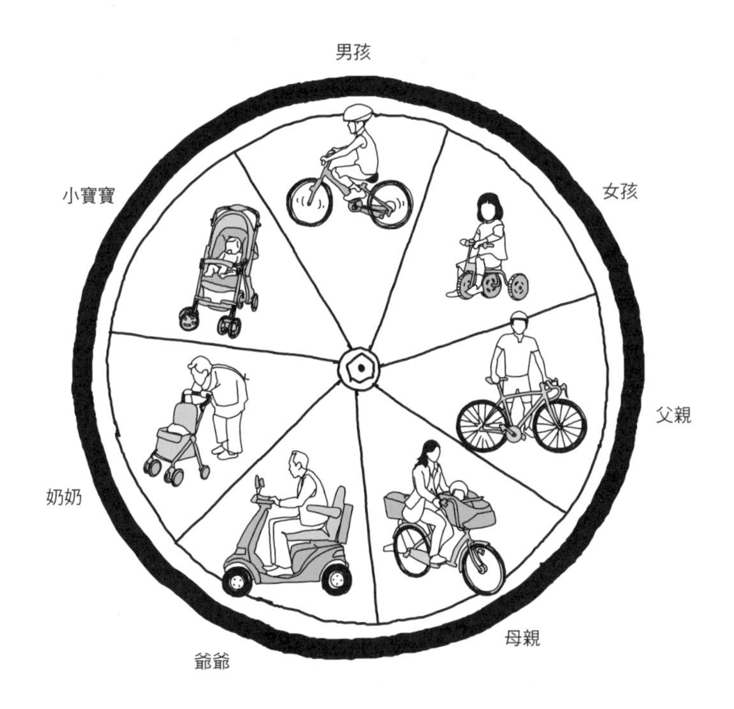


### 加起來等於一台汽車

一個家庭有1、2台汽車是很平常的事，但是像腳踏車這種「有輪子的交通工具」基本上則是一人1台。若將這些交通工具聚集於一處，就會發現總共需要1台汽車的停放空間。

## 雨水是天敵

雖說需要1台汽車的空間，卻很少有設計師在設計階段想到「腳踏車要放哪裡」的問題。

如果是住宅密集區就說「沒有空間」;若是土地寬廣，就說「隨便擺在空地就好」。基於這樣的理由，交通工具停放處的問題一直未被積極地檢討。但一旦隨意停放腳踏車…車子肯定會生鏽。

雖然放在與鄰地之間的縫隙處，但房簷很淺的話還是會被淋濕。

**被吸往不會淋濕的地方**

仔細觀察後你會發現，家中不希望被水淋濕生鏽的腳踏車，全都被吸往即便下雨也不會淋濕的有「屋頂」的地方。如果那裡的屋簷很深就不用擔心，但若非如此，最後還是會受到雨水的侵蝕。

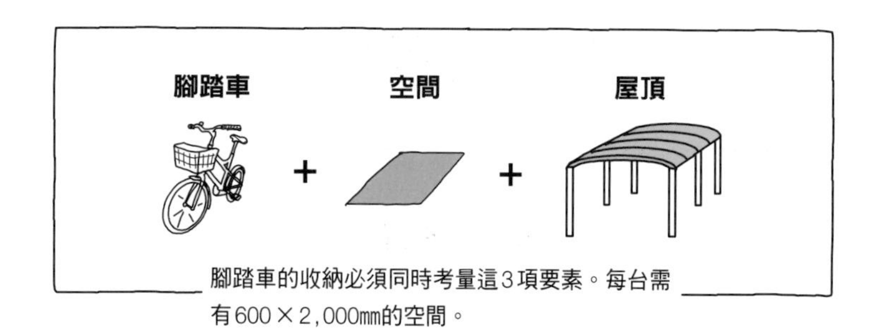


腳踏車的收納必須同時考量這3項要素。每台需有600×2,000mm的空間。

# 不妨在玄關前設置屋頂

腳踏車的停放方式並無正解，但假使要停在玄關前，建議可以考慮這樣的配置。

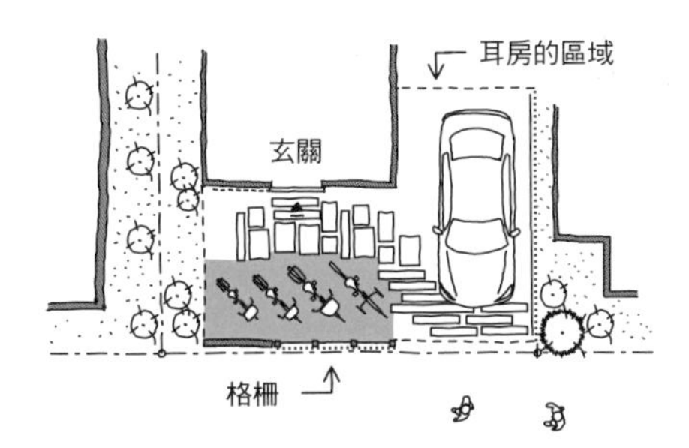


**在玄關通道設置可兼當遮蔽物的耳房**

用格柵分隔房子前方的馬路與家用地，可避免腳踏車被外人看光光，亦可望發揮些許防盜效果。

另外，這種耳房（通道）亦包含在建蔽率之內，請務必留意。

**加大車庫**

稍微加大車庫的大小，將腳踏車停放其中。若有可容納1台訪客用車的空間就更理想了。

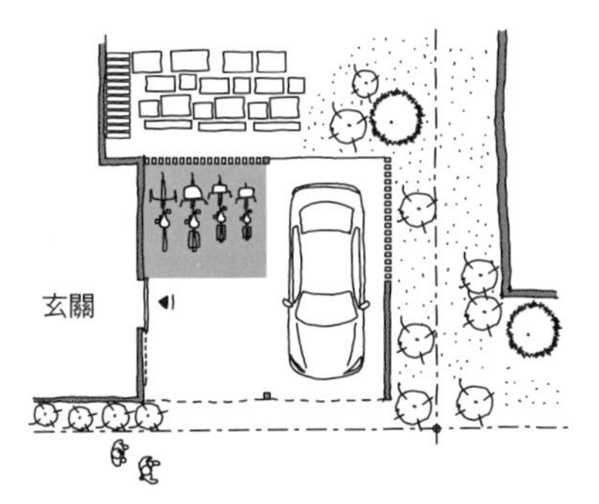


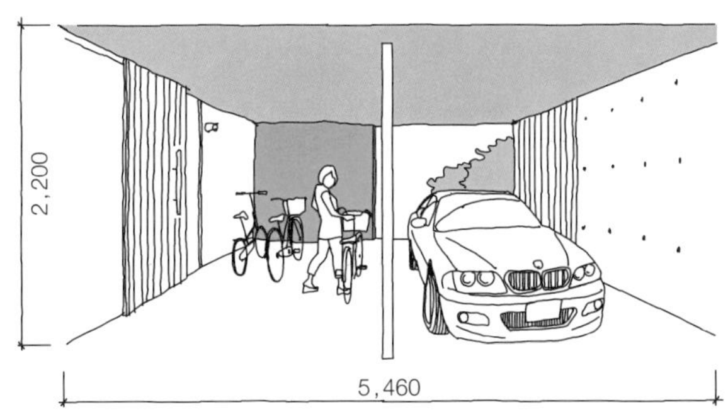


無論是腳踏車或汽車，讓人在上下車時不會淋雨的設計最是貼心。

**所以結論就是…**
**別忘了在腳踏車停放處裝設屋頂。**

# 這是日本特有的麻煩事。

「居然把狗當成整理的對象，簡直豈有此理！」。這個標題雖然看似會引起愛狗人士的強烈反彈，但是請各位千萬不要誤會了，這裡所說的整理是針對容易發生在養狗家庭的各種問題。

在過去，只要提到狗，一般都會聯想到看門狗。牠們生活在院子的狗屋內，身上肩負著一有可疑人士接近，就要大聲吠叫、恐嚇對方，同時告知屋內主人發生異常事態的職責。然而隨著時代改變，現在的寵物犬幾乎都是養在室內，也因為這樣，人們於是面臨了「光滑的地板容易讓狗打滑，形成腱鞘炎」「沒有狗籠會造成訪客的困擾」這些只會發生在室內犬身上的狀況。不僅如此，更有一個問題是日本特有的。那個只會發生在要在室內脫鞋的國家的麻煩事就是…

# 人與狗的差別

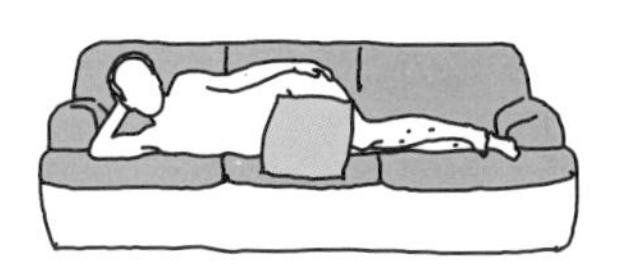

光著身體躺著會被當成變態。

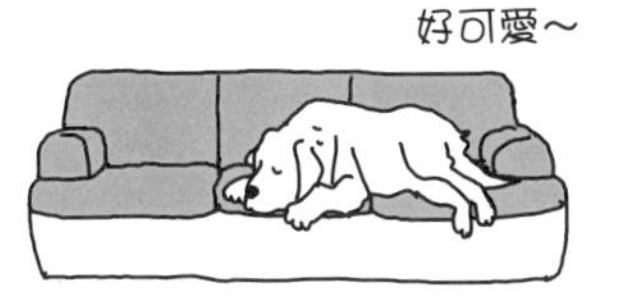


只是趴著就會被說好可愛。

裸體出門散步會被警察抓。

只是散步就會被說好可愛。

不把腳擦乾淨
就會被罵。

不把腳擦乾淨
就會被罵。

**共通點是嚴禁腳髒**

和人一樣，不論狗狗多可愛，不把腳底擦乾淨就進不了屋內。

## 玄關戶外沖水器的缺點

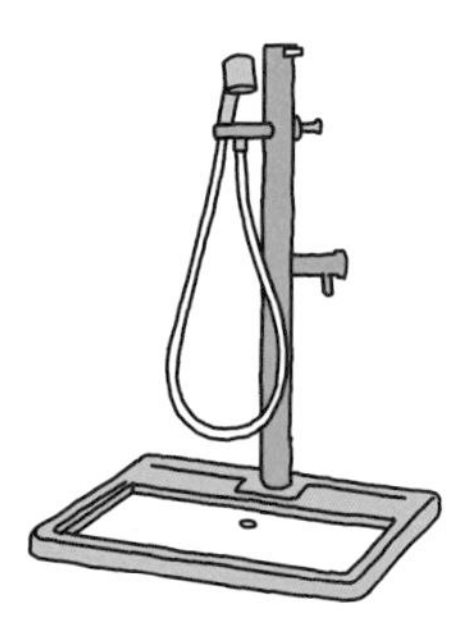

**在玄關前設置洗腳處**

有不少家庭會在玄關前裝設戶外沖水器，用來替狗狗擦腳。但這個方式不僅容易弄髒飼主的膝蓋，也會讓腰部痠痛。

**戶外沖水器**

最近出現了附設寵物用蓮蓬頭的產品。

要是狗在淋雨或淋浴之後，全身濕答答地抖動身體，可就大事不妙了。

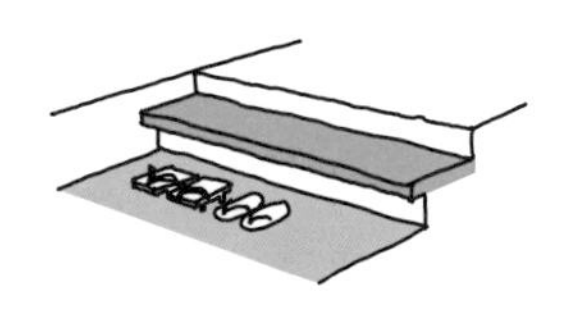

**利用鋪板**

各位不妨利用玄關的鋪板吧。只要讓狗站在高處，飼主則跪在鋪板上幫狗清理腳底，膝蓋就不會弄髒了。只不過這樣還是無法解決腰痛的問題。

**鋪板**

即便不講究排場，現在仍有許多人會在玄關設置鋪板，以減緩地面與門廳的高低差。

## 有高度就◎

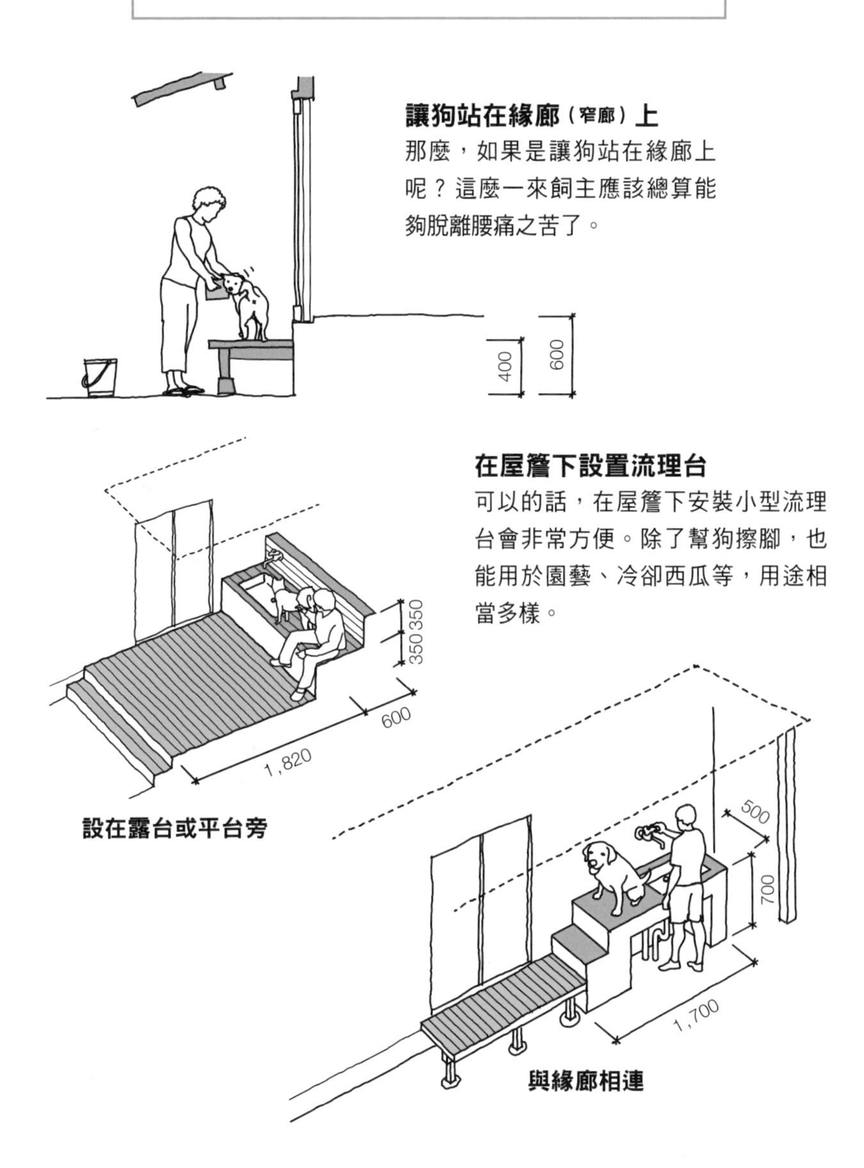


**讓狗站在緣廊（窄廊）上**

那麼，如果是讓狗站在緣廊上呢？這麼一來飼主應該總算能夠脫離腰痛之苦了。

**在屋簷下設置流理台**

可以的話，在屋簷下安裝小型流理台會非常方便。除了幫狗擦腳，也能用於園藝、冷卻西瓜等，用途相當多樣。

**設在露台或平台旁**

**與緣廊相連**

**所以結論就是…**

**必須事先考量擦腳地點及擦拭方式。**

## 不僅看不見排泄物，就連臭味也是⋯

完全不感興趣的人會將狗和貓統統歸類成「寵物」，但是對飼主而言，這兩種動物可是天差地遠。假如對愛狗人士聊起有關貓的話題，對方恐怕也只會敷衍回應吧。再者，這兩種動物的習性也大不相同。相對於喜歡每天外出散步的狗，貓則只想在家滾來滾去；狗會在路邊上廁所，貓卻總是在相同的地方如廁。光是會在固定地點上廁所這一點，養貓確實比養狗來得輕鬆一些。

只不過，還是要特別注意氣味的問題。貓的排泄物會散發一種狗所沒有的獨特強烈氣味，假使不好好處理這種味道，居家環境的品質就會大打折扣。「什麼嘛，只要習慣就好啦！」愛貓人士也許會這麼反駁，但如果家裡整理得很乾淨，空氣中卻飄散著惡臭，小心會讓客人留下不好的印象喔。

# 貓的本能

不過現在已經很少有貓會去追老鼠了…

## 對狩獵動物而言，自己的氣味是大忌

排泄物的氣味強烈，代表著容易被獵物（老鼠等）察覺自己的存在。如此一來，就無法順利捕捉到獵物了。

## 沙子散亂的二次傷害

因此貓想到了用沙子覆蓋尿液的方法，也就是採取「用其他東西蓋住臭味」，消除自己的蹤跡的作戰策略。沒錯，這的確是個好主意，然而要是貓在家裡這麼做，就會弄得到處都是沙子了。

埋沙注意

基於這樣的理由，養貓的飼主必須考慮在何處設置處理排泄物的廁所。假使設置的地點不恰當，整間屋子就會充滿惡臭、沙子四散……

## 那麼，貓便盆要放哪裡呢？

**放客廳怎麼樣？**

現在市售的「貓砂」除臭力比以往高上許多，要將貓便盆放在客廳並非不可行。但考慮到貓會把貓砂撥亂，客廳實在不算是最佳的位置。

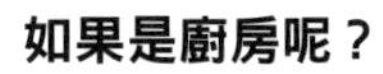

**如果是廚房呢？**

既然廚房也有垃圾桶，放在這裡好像也不錯。可是在處理食物的地方擺放便盆…還是讓人覺得有點怪怪的。

**既然如此，放玄關如何？**

玄關啊…不太好吧，畢竟這裡是迎接客人的地方……

貓便盆雖然能夠隨意擺放在任何位置，但最好還是選擇家人不會久待、看起來也得體的地方。

## 在牆上挖洞

假使不會影響房子的結構，建議不妨在走廊或樓梯下方、盥洗室等的牆面上，挖出一個深約750mm的洞，這樣貓咪就能安心如廁了。

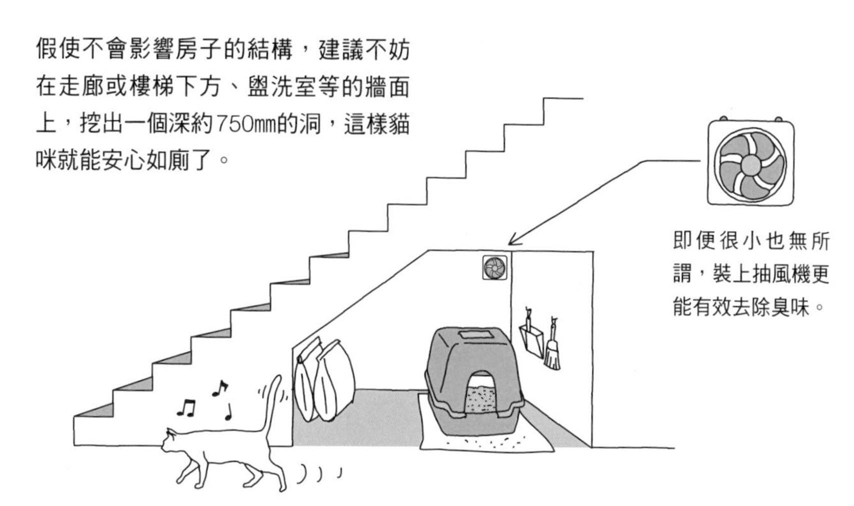

即便很小也無所謂，裝上抽風機更能有效去除臭味。

**洞的高度要讓人能夠進入**

貓便盆需要頻繁地更換貓砂，以及進行周邊清掃等作業。洞的高度最好能夠讓人進入，以便打掃清潔。

順帶一提，必要性僅次於便盆的是能夠讓貓自由上下運動的裝置（貓塔）。

也別忘了預留空間

**所以結論就是⋯**

**貓便盆的擺放地點要審慎考量，避免隨意更動。**

# 越現代的住宅越容易凌亂。

你有沒有這樣的經驗呢？下班後和同事一起去居酒屋想排解工作上的苦悶，但是周圍的說話聲好吵雜，無法聽清楚眼前的人說些什麼，當然對方也同樣聽不見自己的聲音。於是兩人只好放大音量交談，結果走出店家時全身筋疲力盡……

解決聲音——這句話的表現儘管情緒化，不過所有舒適的居家環境，確實都為聲音做了巧妙的處理。「一與質量大的物質碰撞，就會以相同的大小反彈」是聲音的特性，因此現在那種無論地板、牆壁或天花板皆採用清水混凝土的店家，才會到處充斥著反響，籠罩在噪音等級的嘈雜之中。相對之下，積雪的早晨則是充滿一種萬籟俱寂的寧靜感。要是家裡也有像雪一樣吸音的東西就好了。

# 聲音四竄的現代住宅

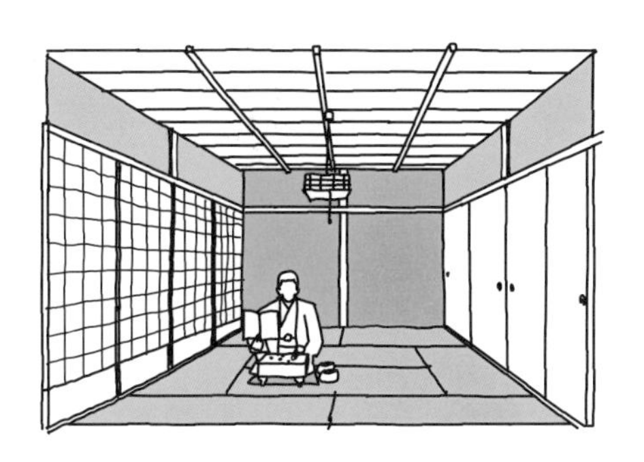

**從前的住宅使用的是「吸」音材料**

地板是燈心草或稻稈（榻榻米），牆壁是土或紙（紙拉門、紙格門）。從前構成住宅的材料，幾乎都是會吸音的柔軟素材。

**現代住宅的建材多半會「反彈」聲音**

相反的，現代住宅的地板則是木地板，牆壁是石膏板加上百葉窗。這些全是會反彈聲音的堅硬材料。

現代住宅之所以使用會反彈聲音的建材，可以說都是為了順應建屋者在防火、隔音、方便保養等方面的要求。

## 聲音的撞球理論

聲音的性質與撞球的球相同。假如撞球台完全是混凝土材質，那麼即使打球的力道很弱，球也應該會用力地反彈回來。但如果在撞球台內側鋪上厚布，就算打得再用力，球的反彈力道也會很弱。

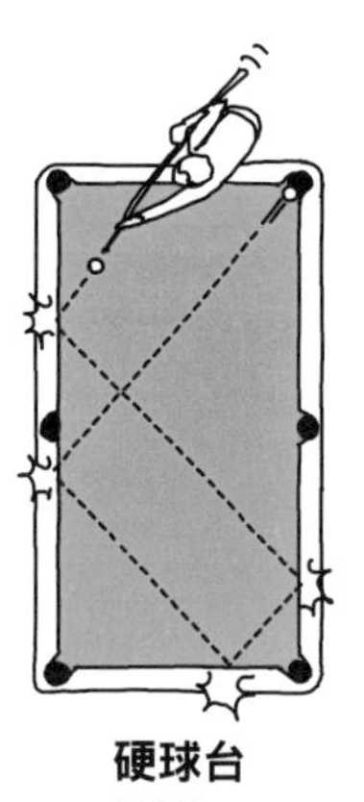

**硬球台**
混凝土、
玻璃、金屬

停下來了…

**軟球台**
布、紙、草

### 清水混凝土的反響大

以質量大的清水混凝土住宅為例，室內產生的聲響會不斷在屋內反彈，讓人無法聽清楚一般對話和電視聲。

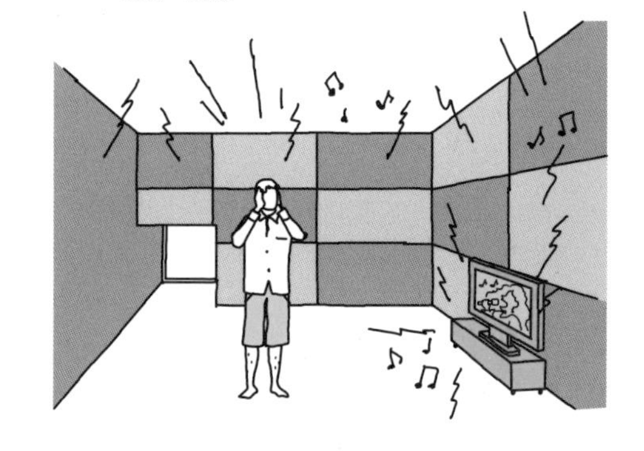

### 天花板上的凹凸是有意義的！

雖然很少在最近的住宅見到了，不過以前的天花板上都會出現奇妙的圖案。仔細一瞧，那圖案是不是很像無數個小孔呢？其實那是用來抑制聲音反射、名為「吸音板」的好東西。

放大圖（斷面）

都是因為這傢伙，房間才會如此舒適啊…

## 要用什麼來吸討厭的聲音呢？

現代住宅容易反彈聲音，但只要在室內加裝會吸音的東西就能多少減緩反彈的程度。

在天花板裝設帷幔

以窗簾取代百葉窗

在牆上掛壁毯

將客廳的桌子改成暖爐桌

布偶也是得力助手

在木地板上鋪地毯或墊子

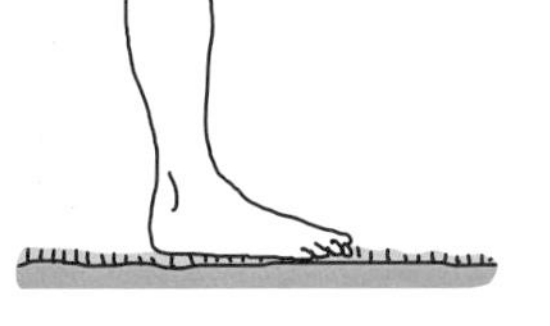

**所以結論就是…**

**檢視一下你家是否能適度地吸音吧。**

# 不可以整理。

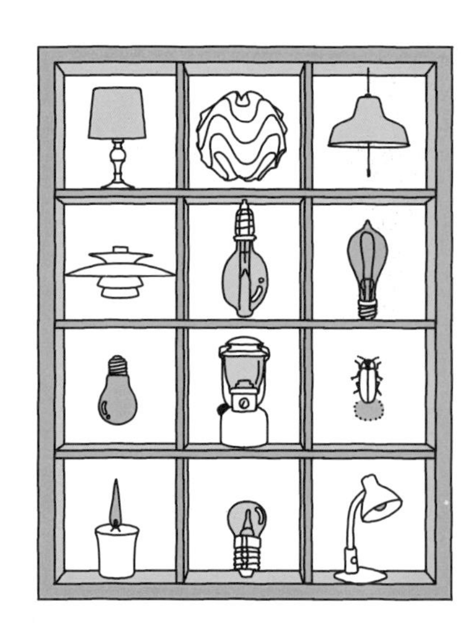

從建築的角度剖析整理之謎的本書，終於也要接近尾聲了。最後的主題是「光線」。整理光線這件事聽來奇怪，但其實幾乎所有家庭都已經整頓好光線，甚至可以說是過度整理了。對於打造舒適居家而言，過於整齊劃一的光線可謂「過猶不及」。

各式各樣的場所都設有帶來光線的照明，像是電車、辦公室、路旁…只不過，這些光線最大的使命是「照亮暗處」，其次才是舒適感。換個方面想想，戲劇和演唱會的舞台又是如何呢？舞台的打燈方式能夠大幅影響觀眾的投入程度，而這才是住家的光線所應該模仿的。

適度凌亂的光線將帶給居住者截然不同的感受，因此光線絕對不能過度整理。

## 經典舞台與簡陋舞台

### 名演員們與帝國劇場

照亮主角的聚光燈，將感人的故事情節推向高潮。有層次的舞台美術與名演員們的精湛演出，緊緊抓住觀眾們的心。

### 幼稚園童與公民館

藍白色的日光燈不僅照亮臨時佈置的舞台，也照亮了台下的觀眾席。整個室內的亮度完全一致。孩子們活潑可愛的模樣雖然令人會心一笑，但總覺得少了什麼…

### 一燈與多燈

天花板中央只有一盞日光燈的配置，稱為「一室一燈照明」；相反的，適才適所地裝設多種燈具則稱為「一室多燈照明」。經過整理的是一燈照明，但真正能夠為室內增添舒適感的，恐怕還是多燈照明。

**一室一燈照明**

房間的各個角落亮度一致＝辦公室般冰冷死板的空間

**一室多燈照明**

有部分暗處＝豐富的陰影營造出立體感

# 一室多燈下的風景

**明月呀⋯**

紙格門外的月色微微照亮和室，令人不禁詩興大發，欲借著燭火題上一首。有月光作伴的夜晚是如此平靜祥和。

**一面望著暖爐的火光⋯**

在熊熊的暖爐火焰前，細細地品嚐白蘭地。在一旁作伴的是一盞立燈。這是充滿成熟大人氣息的時刻。

月光與火焰彼此爭豔

**營火也不例外**

月夜中的營火也算是多燈照明的例子。搖曳生姿的火焰總是讓人看也看不膩。若「光線」如火焰般耀眼，那麼也許一盞就足夠了吧？

# 住家的光線也能像舞台一樣

在暗處默默支撐華麗舞台的「照明組」，總是利用各種光線炒熱舞台的氣氛。同樣的，住宅中安裝的光線只要搭配不同的種類，便能進一步提升室內的舒適度。

緊急照明燈 ⇓ 吸頂燈

垂吊燈 ⇓ 吊燈

聚光燈 ⇓ 下照燈

平面燈（背景） ⇓ 間接照明

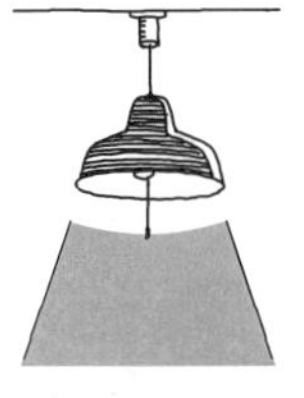
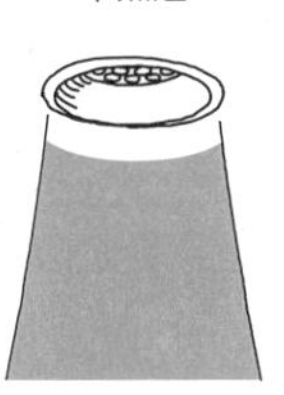
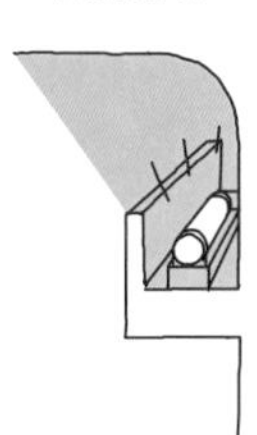

## 客廳＋餐廳＋廚房的光線

**所以結論就是…**

**過度整理光線，會讓住家變得像辦公大樓般無趣。**

COLUMN

4

# 行醫者不養生。建築師則是…

在與客戶商討的會議上，每當對方奉承地對我說「想必府上一定相當漂亮舒適吧」，心裡感到不安的我，雖然總是用「沒這回事，我之所以能夠提出收納方面的建議，都是因為我家一點也不整齊的關係」這句話隨便敷衍過去，但事實上我家的確亂到見不得人。我家有一個房間堆滿了盒子，用來收納我心愛的吉他收藏品，而所剩無幾的縫隙間，也塞滿〈不知不覺中〉囤積起來的露營用品和教導如何在車上過夜的指南。渾身貓毛的我，今天也一如往常地睡在幾乎看不見地面的世界裡。

因為父親的工作性質的關係，年幼時的我幾乎每年（有時甚至不到半年）都必須轉學。每次租借的房屋格局都大同小異，不是「51C型」（過去的公營住宅型），就是設有鐵鍋澡盆、貌似二間長屋的公司宿舍，而且大多都是50㎡以下的２ＤＫ。基於「反正之後又會搬家」的想法，我們幾乎沒有大型家具，也因為每次搬家都會處理掉一些不需要的東西，所以我家一直過著相對精簡的生活。後來情勢開始轉變…原因是為了一隻狗。

就在我即將小學畢業之際，得知了下次的搬家地點不能養狗的事實，但我們全家人都捨不得和已經養了兩年的愛犬小黑分別，於是我父親心一橫，在橫須賀買下了一幢總地板面積26坪的透天厝。但事情並未就此結束。我的父母親因為飽受過去漂泊生活的壓抑，一找到安定的居所，物欲立刻一口氣爆發。

他們先是在院子裡擺了桌球桌，之後又添購了整套烤肉用具。儘管那是一個只有巴掌大的小庭院，他們還是忍不住一直想擺東西進去。後來他們開始在小田地上種起蔬菜，因為需要地方收納鏟子、水桶等務農工具，於是便組了一個鋼製的小倉庫，將院子的空隙幾乎填滿。不久之後，原本有一陣子固定每個週末都會舉辦的烤肉大會，因為我父親獨自到外地工作而漸漸取消，堆置在小倉庫裡的東西也因此又多了一樣。

屋子裡的窘況也不惶多讓。妹妹的雙層電子琴、大到莫名的立體音響，以及母親夢想中的沙發組，讓只有4坪大的客廳陷入緊繃狀態。也許是察覺情況不對吧，家人們將可拆解的沙發組拆成一張張單人沙發，搬到其他房間，而終於在幾年之後，所有家具都被趕出了我家大門。可是好景不常，獨立離家的我一回到久違的老家，就發現原本空著的地方，竟然有一張貌似鯨魚的按摩椅悠哉地潛藏該處，一副等候我多時的樣子。

生長在這種家庭的我，每次見到委託我設計的客戶，總會不禁心想：囤積物品的習性會不會也是一種「遺傳」呢？而當我提出「想見見您的父母」的要求，到東西很多的家庭的老家去打擾時，總是會發現那裡大部分也是物品堆積如山。

「有其父必有其子」。因為我給了自己這道免死金牌，所以我家永遠也不可能有整潔的一天。

# 後記

我在27歲時，只是因為偶然受人委託設計一間住宅，就沾沾自喜地在沒有接到其他工作的情況下成立了設計事務所。當時的我是一個在桌旁書架上擺滿知名建築作品集，明明缺乏閱歷，卻自傲地以為「任何空間設計都難不了我」的人。

幾個星期後，我完成了一張看起來有模有樣的住宅設計圖，但是沉浸在自我滿足中的我，卻隨即遭到客戶的太太給了我一記此生難忘的巨大打擊。

「你應該沒有下廚過吧？」

「這個房子是很漂亮沒錯，可是洗好的衣服要晾在哪裡？」

一旦決定蓋新房子，無論是誰都會以「想在新家過什麼樣的生活」為主軸展開對未來的想像，空間的造型反而是次要的。因此，明智的設計師會拿出「意見調查表」來確認屋主對新家的需求。例如：房間需要幾間、停車場要停放幾台車等等，設計師會一邊看著表格，一邊詳細地詢問。我以前也曾經這麼做，但無論我再怎麼仔細詢問，卻還是無法了解客戶真正想要的生活輪廓。比起用表格調查，靜靜地聆聽他們用混雜著期待與不安的神情，認真熱誠地訴說，反而更能觀察出他們「真正的願望」。我是在專職從事設計工作好久之後，才終於體悟到這一點。我發現，「掌握隱約出現在言談中的細微線索，將可能連本人也沒有察覺的理想生活化為有形」才是設計出舒適住宅的捷徑。

不是「設計平面」，而是「創造生活」——當我如此轉換自己的設計方針時，收納的問題忽然就在我眼前浮現。客戶的「想要過這種生活」的願望背後，多多少少都隱藏著「想要過著畫般生活」的真心話，換句話說，就是希望自己的房子也能像電視、雜誌上所介紹的一般如詩如畫。可是這麼一來，就很難保有充足的收納空間，結果物品四處散亂的房子還是無法實現他們的期望。身為設計師，我實在無法把「我設計的是真實生活」這句話說出口。本書的主題是依照每個房間、每個場景設定物品的容身之處，而這項「規則」正是我創造生活的第一步。

對住宅設計的相關人士而言，我說的這些話或許只是老調重彈，但是人們卻經常忽略要踏實地實行這些理所當然應下的功夫。即便只有一項也好，倘若本書中記述的提案能夠促使各位重新思考住宅與物品之間的關係，那將是我身為作者最大的欣慰。

本書是我所隸屬的橫濱建築師團體「area045」的建築師前輩，增田奏先生的名著『住宅設計解剖書』（2009年）的續篇。一般續篇通常是由同一位作者執筆，但是責任編輯藤山和久先生卻用「星際大戰續集的導演也不是喬治盧卡斯，所以不用擔心」如此微妙的理由說服了我，進而展開這項企劃。之後我一共花了2年多才完成這部「作品」，而本書之所以能夠順利問世，都要感謝將我軟禁在工作室裡，直到我把「今天該寫的稿子」寫完的藤山先生。另外，在此我也要謝謝將我的草稿進化成有趣插畫的鴨井猛先生，以及在隔壁辦公桌給予我諸多建議的鈴木洋子小姐。其次，本書中所有的內容都是以我設計過的百餘件住宅為舞台，歷經多次失敗後所獲得的成果，因此我也要向願意給我機會絞盡腦汁，甚至有時與我一同解決問題的客戶們致謝。多虧有你們，最近已不再有人問我「洗好的衣服要晾在哪裡？」，謝謝大家。

2013年11月

鈴木信弘

# 住宅整理解剖圖鑑



國家圖書館出版品預行編目資料

住宅整理解剖圖鑑 / 鈴木 信弘作；曹茹蘋翻譯. -- 初版. -- 新北市：楓書坊文化, 2014.08 136面；21公分

ISBN 978-986-5775-84-1 (平裝)

1.家庭佈置 2. 室內設計 3. 空間設計

422.5　　103010490

出　　版／楓書坊文化出版社
地　　址／新北市板橋區信義路163巷3號10樓
郵政劃撥／19907596 楓書坊文化出版社
網　　址／www.maplebook.com.tw
電　　話／(02)2957-6096
傳　　真／(02)2957-6435
作　　者／鈴木 信弘
翻　　譯／曹茹蘋
總 經 銷／商流文化事業有限公司
地　　址／新北市中和區中正路 752 號 8 樓
電　　話／(02)2228-8841
傳　　真／(02)2228-6939
網　　址／www.vdm.com.tw
港澳經銷／泛華發行代理有限公司
定　　價／300元
初版日期／2014年8月